普通高等教育"十三五"规划教材
新工科建设之路·软件工程规划教材

C++ Qt程序设计工程实训教程

胡 然 夏灵林 徐健锋 编著

电子工业出版社
Publishing House of Electronics Industry
北京·BEIJING

内 容 简 介

本书介绍以 C++编程语言为基础的 Qt 图形界面编程，全书以两个实际项目为背景，共分为 10 个完整、独立的实训项目，按照完成一个独立的实际项目需要的知识点来组织每个实训内容，在实现功能递增的七个版本的计算器和两个版本的五子棋中不断深化，逐步引出面向 Qt 图形界面编程实践的问题和知识点。

本书的第一个实训是实训准备，介绍 Qt 编程环境的搭建；第二个至第八个实训，围绕图形界面计算器的实现，在功能复杂度逐步提高、逐步深化中展开，通过七个完整、独立的计算器实训，使读者掌握 Qt 图形界面编程的窗体控件、布局、菜单、事件、信号和槽等知识；第九、第十个实训，通过介绍五子棋人人对战和人机对战，使读者进一步掌握 Qt 的进阶编程。

本书适合作为高等学校计算机及相关专业程序设计工程实训课程的教材，也可供计算机爱好者及其他自学人员参考。

未经许可，不得以任何方式复制或抄袭本书之部分或全部内容。
版权所有，侵权必究。

图书在版编目（CIP）数据

C++ Qt 程序设计工程实训教程/胡然，夏灵林，徐健锋编著.—北京：电子工业出版社，2018.6
ISBN 978-7-121-33943-1

Ⅰ.①C… Ⅱ.①胡… ②夏… ③徐… Ⅲ.①C 语言－程序设计－高等学校－教材 Ⅳ.①TP312.8

中国版本图书馆 CIP 数据核字（2018）第 061906 号

策划编辑：章海涛
责任编辑：章海涛　文字编辑：刘 瑀
印　　刷：北京盛通数码印刷有限公司
装　　订：北京盛通数码印刷有限公司
出版发行：电子工业出版社
　　　　　北京市海淀区万寿路 173 信箱　邮编：100036
开　　本：787×1 092　1/16　印张：11.5　字数：251 千字
版　　次：2018 年 6 月第 1 版
印　　次：2025 年 1 月第 14 次印刷
定　　价：39.00 元

凡所购买电子工业出版社图书有缺损问题，请向购书店调换。若书店售缺，请与本社发行部联系，联系及邮购电话：（010）88254888，88258888。

质量投诉请发邮件至 zlts@phei.com.cn，盗版侵权举报请发邮件至 dbqq@phei.com.cn。
本书咨询联系方式：liuy01@phei.com.cn。

序

中国程序设计人才紧缺，而且缺口还在快速递增。同时，一方面企业对程序设计人才需求量旺盛；另一方面，在大量的毕业生中又找不到令用人单位满意的程序设计人才。根本原因是学生实践动手能力不足，达不到企业用人的标准。面向企业和社会需求，培养适应新形势、新需求、新变化的软件人才，逐渐成为软件工程专业教育的发展方向，当然这也对高校培养实践能力强的软件人才提出了更高的要求。

胡然、夏灵林、徐健锋编著的《C++ Qt 程序设计工程实训教程》从高等学校本科低年级学生的需求出发，在以 C++ 编程语言为基础的 Qt 图形界面编程人才培养方面进行了有益的探索，以两个实际项目应用为背景，在实现功能递增的计算器和五子棋的不断深化和递进中分为十个完整、独立的工程实训项目，逐步引出编程实践和问题求解能力的工程实训知识点，使学生快速、准确地掌握 C++ Qt 程序设计和图形界面编程，切实解决高等学校本科低年级学生实践动手能力不强的问题。

本书可用于高等院校程序设计实训课程的参考教材，教材内容安排结构合理、条理清晰，内容组织由浅入深、重点突出，采用图文并茂的方式解析了每个工程实训项目的知识点和详细步骤，让低年级学生可以紧密联系实践应用，循序渐进地接受 C++ Qt 程序设计工程实训的训练。书中介绍了十个项目的实践案例，案例选取贴近生活，通俗易懂，旨在激发学生学习程序设计的兴趣，并指导学生完成高质量的工程实训。

相信这本教材的出版能够起到推动计算机和软件工程等专业进行程序设计课程改革、提高程序设计培养质量的作用，希望广大教师能够在教学过程中提出宝贵的意见和建议，使本书在使用过程中不断完善。

哈尔滨工业大学教授、博士生导师
智能软件技术研究中心主任

前 言

本书具有如下特色。
- **本书适合作为高等学校低年级 Qt 程序设计工程实训课程的教材**

目前，在基于 C++的 Qt 编程领域，还没有专门针对计算机、软件专业低年级学生的参考教材，本书对每个实训项目，循序渐进地进行讲解，知识点清晰、步骤详尽，非常适合高等院校计算机、软件专业实验实践课程的授课方式，填补了低年级 Qt 程序设计工程实训课程教材的空白。

- **本书在教材内容和结构体系上有新的突破**

本书不是按照常规知识体系来组织教学内容，而是按照完成一个独立的实际项目需要的知识点来组织内容，每个工程实训均分布一些基本的知识点，使读者通过每个工程实训的学习和实践，由浅入深地掌握 C++ Qt 编程知识。

- **本书案例取材合适，内容循序渐进，富有启发性，便于自学**

本书以两个实际项目为背景，在实现功能递增的七个版本的计算器和两个版本的五子棋中不断深化，逐步引出面向 Qt 图形界面编程实践的问题和知识点，富有启发性，可供计算机爱好者及各类自学人员参考。

本书总结和反映了作者长期积累的丰富经验，教学适用性较强。全书由胡然策划、组织和统稿。实训准备、实训一、实训二由徐健锋编写，实训三～实训六由胡然编写，实训七～实训九由夏灵林编写，袁坤、申昌建也为本书做了大量工作，在此一并表示感谢。本书获得南昌大学教材出版资助，江西省高等学校教学改革研究课题、南昌大学教学改革研究课题资助。本书提供配套电子课件和源代码等教学资源，读者可登录华信教育资源网（www.hxedu.com.cn）注册并免费下载。

由于作者水平有限，书中不当之处，请读者批评指正，作者的联系邮箱为 3179020@qq.com 或 huran@ncu.edu.cn，欢迎提出宝贵意见。

作 者

目 录

实训准备 ·· 1
 （一）实训内容 ·· 1
 （二）实训原理 ·· 1
  1. Qt 简介 ·· 1
  2. Qt 的下载和安装 ·· 1
  3. Qt Creator 简介 ·· 2
  4. Qt Assistant ·· 5
  5. 创建第一个 Qt 程序 HelloWorld ··· 9
  6. 设置环境变量 ··· 9
 （三）实训步骤 ·· 10
 （四）小结 ··· 13

实训一　计算器 V1.0：简易计算器的实现 ·· 14
 （一）实训内容 ·· 14
 （二）实训原理 ·· 14
  1. Qt 项目的结构 ··· 14
  2. Qt Designer 简介 ··· 15
  3. 窗口的常用属性和功能 ·· 16
  4. 标签、行编辑器、按钮等常用控件的使用 ·· 17
  5. 用 Qt Desiger 设计一个桌面应用 ··· 22
  6. 实现计算器 V1.0：简易计算器 ··· 24
 （三）实训步骤 ·· 24
 （四）小结 ··· 26

实训二　计算器 V2.0：基本计算器的实现 ·· 27
 （一）实训内容 ·· 27
 （二）实训原理 ·· 27
  1. 布局管理器的基本概念和作用 ·· 27
  2. 几种常用的布局管理器 ·· 28

3. 使用 Qt Designer 设计基本计算器界面 ················ 41
  4. 使用布局管理器管理计算器界面 ···················· 42
  5. 实现计算器 V2.0：基本计算器 ······················ 42
 （三）实训步骤 ··· 42
  1. 界面设计 ··· 42
  2. 功能实现 ··· 45
  3. 运行程序 ··· 49
 （四）小结 ··· 50

实训三　计算器 V3.0：带键盘事件的计算器 ····················· 51

 （一）实训内容 ··· 51
 （二）实训原理 ··· 51
  1. Qt 中信号和槽的概念 ································· 51
  2. Qt 中信号和槽的使用 ································· 52
  3. Qt 中的鼠标事件 ······································· 58
  4. Qt 中的键盘事件 ······································· 62
  5. 为计算器增加键盘事件功能 ························ 64
 （三）实训步骤 ··· 66
 （四）小结 ··· 67

实训四　计算器 V4.0：带括号表达式的计算器 ··················· 68

 （一）实训内容 ··· 68
 （二）实训原理 ··· 68
  1. qDebug()的使用 ·· 68
  2. 栈 ·· 70
  3. 前缀、中缀、后缀表达式 ··························· 71
  4. 将中缀表达式转换为后缀表达式的算法 ······· 72
  5. 计算后缀表达式的算法 ······························ 75
  6. 实现带括号表达式的计算器 ························ 78
 （三）实训步骤 ··· 78
 （四）小结 ··· 87

实训五　计算器 V5.0：带菜单和粘贴功能的计算器 ············ 89

 （一）实训内容 ··· 89

（二）实训原理 ·· 89
　　　　1. 桌面程序主窗口框架 ··· 89
　　　　2. 对话框的基础知识 ·· 93
　　　　3. 添加应用程序图标 ·· 102
　　　　4. 实现带菜单、可复制表达式的计算器 ································· 104
　　（三）实训步骤 ··· 104
　　（四）小结 ··· 106

实训六　计算器 V6.0：能够记忆的计算器 ··· 107
　　（一）实训内容 ··· 107
　　（二）实训原理 ··· 107
　　　　1. Qt 中的富文本处理 ··· 107
　　　　2. Qt 中文档的基本框架 ·· 107
　　　　3. 添加历史记录功能 ·· 112
　　（三）实训步骤 ··· 112
　　（四）小结 ··· 117

实训七　计算器 V7.0：可扩展的科学计算器 ·· 118
　　（一）实训内容 ··· 118
　　（二）实训原理 ··· 118
　　　　1. Qt 布局管理器可扩展窗口的应用 ······································· 118
　　　　2. 添加科学计算可扩展功能 ··· 119
　　　　3. 切换可扩展科学计算器的实现 ··· 122
　　（三）实训步骤 ··· 122
　　（四）小结 ··· 132

实训八　双人对战五子棋 ·· 133
　　（一）实训内容 ··· 133
　　（二）实训原理 ··· 133
　　　　1. Qt 中的 2D 绘图系统 ·· 133
　　　　2. 五子棋界面的绘制 ·· 136
　　　　3. 单击鼠标下棋 ··· 139
　　　　4. 判断赢棋 ·· 140
　　　　5. 双人对战五子棋 ·· 141

（三）实训步骤 …………………………………………………………… 141
　　（四）小结 ………………………………………………………………… 152
实训九　人机对战五子棋 ………………………………………………………… 153
　　（一）实训内容 …………………………………………………………… 153
　　（二）实训原理 …………………………………………………………… 153
　　　　1. 五子棋的棋局形势 ………………………………………………… 153
　　　　2. 估值函数的设计 …………………………………………………… 156
　　　　3. 人机对战、可悔棋的五子棋 ……………………………………… 158
　　（三）实训步骤 …………………………………………………………… 158
　　（四）小结 ………………………………………………………………… 172

实训准备

（一）实训内容

1. Qt 简介
2. Qt 的下载和安装
3. Qt Creator 简介
4. Qt Assistant
5. 创建第一个 Qt 程序 HelloWorld
6. 设置环境变量

（二）实训原理

1. Qt 简介

Qt 是一个基于 C++语言的跨平台应用程序和 UI 开发框架，它包含一个类库和用于跨平台开发及国际化的工具，由挪威 Trolltech 公司开发，后被 Nokia 公司收购，目前属于 Digia 公司。Qt 相比于其他的 C++ UI 开发框架有许多优点，其中最吸引人的特性就是它的跨平台性。用户可以使用同一份源代码，在多个不同的平台上编译运行，包括但不限于 Windows、Linux、Mac OS X。除跨平台性之外，Qt 最令人称道的地方便是它使用信号与槽的机制代替了传统的回调机制，这使其各元件之间的协同工作变得十分方便。除此之外，Qt 丰富的 API、大量的开发文档、对于国际化的支持更是其他 UI 开发框架无法相比的。可以说，Qt 是使用 C++进行桌面应用开发的首选。

2. Qt 的下载和安装

在使用 Qt 进行桌面应用开发之前，首先需要进行下载和安装，下面将详细介绍 Qt 和

Qt Cteator（一款专门开发 Qt 应用的 IDE）的下载和安装过程。为了避免由于开发环境的版本差异而产生不必要的麻烦，建议 Qt 初学者或者对 Qt 不太熟悉的读者下载、使用与本书相同的软件版本。本书使用的是 Qt 5.9.1 版本，其中包含了 Qt Creator 4.3.1。

- 下载地址：https://download.qt.io/official_releases/qt/5.9/5.9.1/。
- 下载文件：qt-opensource-windows-x86-5.9.1.exe。

首先，在浏览器中输入下载地址，之后选择下载文件进行下载。下载成功后双击下载文件，将会打开欢迎界面，直接单击 Next 即可。接着，界面会提示登录 Qt 账户，这一步并不影响程序的安装，可直接单击 Skip 跳过。

随后，便会弹出真正的安装界面，单击"下一步"按钮。在出现的安装文件夹界面中，选择 Qt 的安装位置，建议选择一个空间充足且易于找到的位置，单击"下一步"按钮。下面，会出现选择组件界面，这是安装过程中的重点步骤，应该选择我们需要使用的 Qt 组件，单击一个组件后，可以在窗口右侧查看该组件的详细介绍，如图 0-1 所示。

图 0-1 选择组件界面

由于本书使用 MinGw 作为编译器，所以这里选中 MinGW 5.3.0 32bit 组件。在 Windows 系统中还可以使用 msvc 版本的 Qt，其使用 Visual C++作为编译器，过程略为复杂，这里不再赘述。其他的部分组件按照默认选择即可。接着，在许可协议中选择同意，单击"下一步"按钮，等待安装完成。

3. Qt Creator 简介

Qt Creator 是跨平台的 Qt 集成开发环境，是 Qt 被 Nokia 收购后推出的一款新的轻量级集成开发环境（IDE）。此 IDE 能够跨平台运行，支持的系统包括 Linux（32 位和 64 位）、Mac OS X 及 Windows。根据官方描述，Qt Creator 的设计目标是使开发人员能够利用 Qt 这个应用程序框架更加快速和轻易地完成开发任务。现在 Qt 的安装程序一般都会附带 Qt Creator 的安装，由于 Qt Creator 是专门被设计用来开发 Qt 应用的，所以在接下来的实训中，将使用 Qt Creator 作为 IDE。下面将重点介绍 Qt Creator 的界面组成，更多关于 Qt Creator 的使用将在后面的实训项目中介绍。

打开 Qt Creator，界面如图 0-2 所示。它主要由窗口区、菜单栏（①）、模式选择器（②）、构建套件选择器（③）、定位器（④）和输出窗格（⑤）等部分组成，各部分的简单介绍如下。

图 0-2　Qt Creator 界面

（1）菜单栏

菜单栏由 8 个菜单选项组成，包含常用的功能菜单。

- 文件菜单，包括新建、打开和关闭项目和文件、打印文件和退出等基本功能。
- 编辑菜单，包括撤销、剪切、复制、查找和选择编码等常用功能，高级菜单中还有标识空白符、折叠代码、改变字体大小和使用 vim 风格编辑等功能。
- 构建菜单，包括构建和运行项目等相关功能。

- 调试菜单，包括调试程序等相关功能。
- Analyze 菜单，包括 QML 分析器、Valgrind 内存和功能分析器等相关功能。
- 工具菜单，包括快速定位菜单、外部工具菜单等，这里的"选项"菜单中包括 Qt Creator 各个方便的设置选项，如环境设置、文本编辑器设置、帮助设置、构建和运行设置、调试器设置和版本控制设置等。在环境设置的 InterFace 中，将主题 Theme 设置为 Classic，就可以使用以前的经典 Qt Creator 主题了。
- 控件菜单，包括设置窗口布局的一些功能，如全屏显示和隐藏边栏等。
- 帮助菜单，包括 Qt 帮助、Qt Creator 版本信息、报告 Bug 和插件管理等功能。

（2）模式选择器

Qt Creator 包括 6 个模式，分别为欢迎、编辑、设计、调试（Debug）、项目和帮助，各模式完成不同的功能，可以使用快捷键快速更换模式，它们各自对应的快捷键依次是"Ctrl+数字键 1~6"。

- 欢迎模式。图 0-2 所示即为欢迎模式，该模式主要提供一些功能的快捷入口，如打开帮助教程、打开示例程序、打开项目、新建项目、快速打开以前的项目和会话、联网查看 Qt 官方论坛和博客等。Projects 界面显示了最近打开的项目列表，在这里可以创建一个新项目或者打开一个已有项目；示例界面显示了 Qt 自带的大量示例程序，在这里可以搜索相关的示例程序进行学习。
- 编辑模式。该模式主要用来查看和编辑程序代码，以及管理项目文件。Qt Creator 中的编辑器具有关键字特殊颜色显示、代码自动补全、声明定义快速切换、函数原型提示、F1 快速打开相关帮助和全项目中进行查找等功能，也可以在"工具—选项"菜单中对编辑器进行设置。
- 设计模式。该模式主要整合了 Qt 设计师（Qt Designer）的功能，可以设计图形界面，进行控件属性设置、信号和槽设置、布局设置等操作。
- 调试模式。该模式支持设置断点、单步调试和远程调试等功能，包括局部变量和监视器、断点、线程及快照等查看窗口。
- 项目模式。该模式包含对特定项目的构建设置、运行设置、编辑器设置、代码风格设置和依赖关系设置。构建设置中可以对项目的版本、使用的 Qt 版本和编译步骤进行设置，由于我们已经安装了 Qt 5.9.1 及其需要的编译器，所以在创建项目时，项目的构建设置默认使用 MinGW 作为编译使用的编译器，无须再去设置。
- 帮助模式。该模式将 Qt 助手（Qt Assistant）整合了进来，包含目录、索引、查找和书签等几个导航模式，可以在帮助中查看 Qt 和 Qt Creator 的各方面信息。此外，也可以在"工具—选项"菜单中对帮助进行相关设置。

（3）构建套件选择器

构建套件选择器包括目标选择器（Target Selector）、运行按钮（Run）、调试按钮（Debug）

和构建按钮（Building）4个图标。目标选择器用来选择要构建哪个项目、使用哪个Qt库，这对于多个Qt库的项目很有用，还可以选择编译项目的Debug版本或Release版本；运行按钮用来实现项目的构建和运行；调试按钮用来进入调试模式，开始调试程序；构建按钮用来完成项目的构建。

（4）定位器

Qt Creator中可以使用定位器快速定位项目、文件、类、方法、帮助文档及文件系统，可以使用过滤器更加准确地定位要查找的结果。此外，也可以在"工具—选项"菜单中设置定位器的相关选项。

（5）输出窗格

输出窗格包括7个选项，分别为问题、Search Results、应用程序输出、编译输出、Debugger Console、概要信息、Test Results，它们分别对应一个输出窗口，相应的快捷键依次是"Alt +数字键（1～7）"。问题窗口显示程序编译时的错误和警告信息，搜索结果窗口显示执行搜索操作后的结果信息，应用程序输出窗口显示应用程序运行过程中输出的所有信息，编译输出窗口显示程序编译过程中输出的相关信息，版本控制窗口显示版本控制的相关信息。

4. Qt Assistant

Qt Assistant也就是常说的Qt助手，它已经被整合到了Qt Creator的帮助模式中，在Qt Creator中切换到帮助模式后就可以使用了，它也可以作为一个独立的软件来使用。下面主要介绍Qt Assistant的独立使用，帮助模式中Qt Assistant的使用与之大同小异。

Qt安装完成后，开始菜单中默认会有一个Qt的文件夹，其中包括Qt Assistant的快捷启动方式，单击Assistant，打开后的界面如图0-3所示。

图0-3　Qt助手

Qt Assistant 的工作原理类似于一个 Web 浏览器,如果单击一个超链接(交叉引用),文档窗口将显示相应的界面。可以通过单击工具栏中的 Back 和 Forward 按钮来切换访问过的页面。除此以外,Qt Assistant 还拥有 Web 浏览器不具备的强大的全文搜索能力,用户可以使用 Qt Assistant 快速地在大量的帮助文件中索引出需要的部分,这是 Web 浏览器无法相比的。Qt Assistant 不仅能用来查看 Qt 的帮助文档,还可以对它进行定制,然后随着应用程序一起发布,就像 Qt Creator 那样。默认情况下,启动 Qt Assistant 时会自动加载 Qt 的帮助文档,下面介绍 Qt 助手主窗口界面的各个部分。

(1)菜单栏

菜单栏中有 6 个菜单选项,如图 0-4 所示,包含了常用的功能菜单。

文件(F)　编辑(E)　查看(V)　前往(G)　书签(B)　帮助(H)

图 0-4　Qt 助手菜单栏

① 文件
- 新建标签页:在文档窗口新建一个空标签页。
- 关闭标签页:关闭当前标签页。
- 页面设置:调用一个对话框,允许定义纸张、方向、页边距。
- 打印预览:提供打印页面的预览。
- 打印:打开打印对话框。
- 退出:关闭 Qt Assistant 应用程序。

② 编辑
- 复制:复制任何选定的文本到剪贴板。
- 查找文本:在文档窗口查找匹配文本。
- 查找下一个:在文档窗口查找下一个匹配文本。
- 查找上一个:在文档窗口查找上一个匹配文本。
- 首选项:设置字体、文档、过滤器、选项。

③ 查看
- 放大:放大当前标签的字体大小。
- 缩小:缩小当前标签的字体大小。
- 正常大小:恢复当前标签的字体大小。
- 内容:切换内容工具窗口的显示。
- 索引:切换索引工具窗口的显示。
- 书签:切换书签工具窗口的显示。
- 搜索:切换搜索工具窗口的显示。

- Open Pages：切换 Open Pages 工具窗口的显示。
- 工具栏：切换过滤器工具栏、地址工具栏的显示。

④ 前往
- Home：跳转至主页。
- Back：跳转至所选的上一页。
- Forward：跳转至所选的下一页。
- 同步目录：同步内容窗口与当前文档窗口。
- 下一页：跳转至下一页。
- 上一页：跳转至上一页。

⑤ 书签
- 管理书签：可以进行书签搜索、显示、删除、重命名、导入/导出等。
- 添加书签：添加当前界面至书签列表。
- 书签工具栏：显示已经添加的书签项。

⑥ 帮助
- 关于：显示 Qt 版本、浏览器、版权等信息。

（2）工具栏

工具栏提供快速访问最常用的操作，如图 0-5 所示，其中各个动作的详细介绍如表 0-1 所示。

图 0-5　工具栏

表 0-1　工具栏动作说明

动　作	描　　述	菜　单　项	快　捷　键
Back	返回至上一页	前往|Back	Alt + Left
Forward	前进至下一页	前往|Forward	Alt + Right
Home	跳至首页	前往|Home	Ctrl + Home
同步目录	同步内容窗口与当前文档窗口	前往|同步目录	
Copy	把选中的文本复制到剪贴板	编辑|Copy Selected Text	Ctrl + C
Print	打开打印对话框	文件|Print	Ctrl + P
Find in Text	打开查找文本对话框	编辑|Find in Text	Ctrl + F
Zoom in	放大当前页签文本的字体大小	查看|Zoom in	Ctrl + +
Zoom out	缩小当前页签文本的字体大小	查看|Zoom out	Ctrl + −
正常大小	重置当前页签文本的字体大小为正常大小	查看|正常大小	Ctrl + 0

（3）工具窗口

工具窗口提供了以下 5 种方式来浏览文档。

- 内容窗口。提供了一个树状结构的可用文件目录，如图 0-6 所示。单击一个选项，对应的文档将会出现在右侧的文档窗口。双击一个选项（或单击控制它的左侧小三角），选项的子项将会展开/折叠。选择一个子项，也可以在文档窗口中查看。
- 索引窗口。用于查找关键词或短语，如图 0-7 所示。在上方的输入框中输入查找内容，搜索结果会在下方呈现。如果出现了需要的内容，双击即可将其在文档窗口中打开。

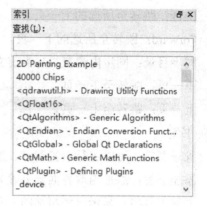

　　　　　　　　　　　　　图 0-7　索引窗口

- 书签窗口：列出添加的所有书签，如图 0-8 所示。选择一个书签，其页面会出现在右侧文档窗口中。书签窗口提供了显示项目的上下文菜单、删除项目、重命名项目等功能。选择"书签—添加书签"（或"Ctrl+D"快捷键）可将当前界面加入到书签中，右击选择书签，可以对书签进行显示、重命名、删除等操作。
- 查找窗口。在所有已安装的文档中进行查找，支持全文搜索，可查找文档中的特定词语，如图 0-9 所示。查找窗口和前文的索引窗口不同，索引是从所有的文档中搜索文档的一个页面，而查找是从当前页面中搜索相关信息的位置。

　　　　　　　　　　　　　图 0-9　查找窗口

- Open Pages 窗口。用于显示标签页，并可以对标签页进行管理，如图 0-10 所示。在打开多个标签页的情况下，可以在这里进行切换。

（4）文档窗口

文档窗口用于显示当前打开的页面内容，如图 0-11 所示。可以为查看的每个文档页面创建标签，选择"文件—新建标签页"，一个新的标签页会出现在文档窗口中。当需要不同的文档页面之间进行切换时，使用文档窗口很方便。可以通过选择"文件—关闭标签页"（或在 Open Pages 窗口中）关闭标签页。

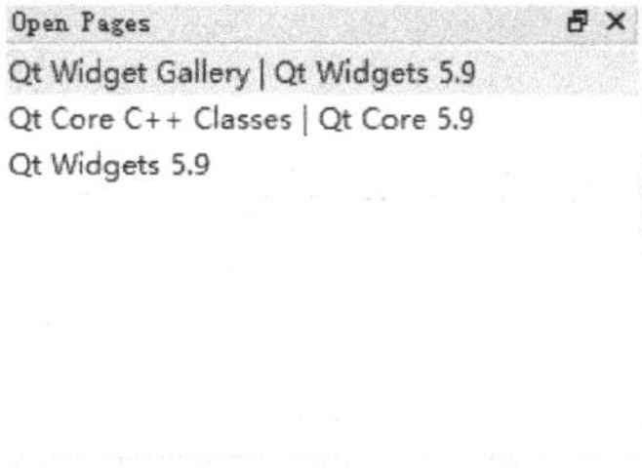

图 0-10　Open Pages 窗口

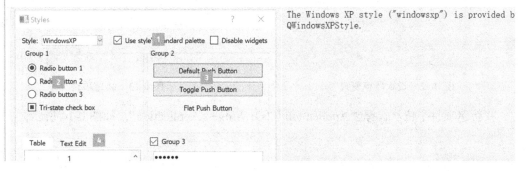

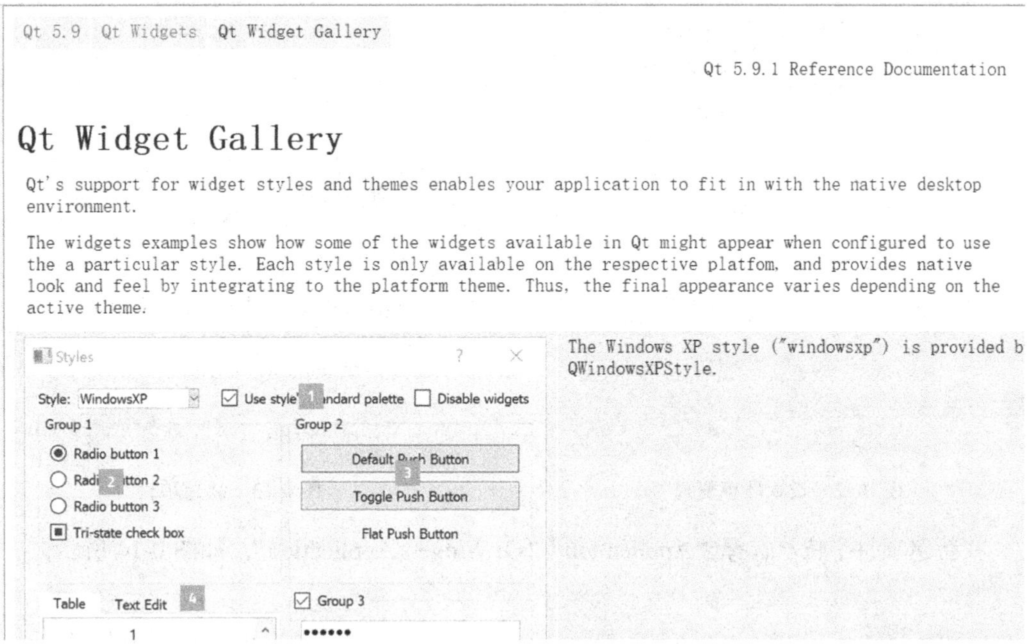

图 0-11　文档窗口

5. 创建第一个 Qt 程序 HelloWorld

项目源代码位置为 code/ch00/HelloWorld，详见实训步骤。

6. 设置环境变量

为了直接运行生成的 helloworld.exe 文件，需要设置环境变量。在"桌面—计算机（我的计算机）"图标上右击，选择"属性"，然后选择"高级系统设置"，在"高级"界面单击"环境变量"，然后在系统变量中找到 Path 变量，双击，在变量值的最后，添加 Qt 文件 bin 目录的路径，本书存放的路径为 D:\Qt\Qt5.9.0\5.9\MINGW53_32\bin（注意，添加时在最前面应加上一个英文半角的分号），如图 0-12 所示。

(三)实训步骤

运行 Qt Creator,依次单击 Qt Creator 菜单中"文件—新建文件或项目(N)…",如图 0-13 所示。

图 0-12 设置环境变量

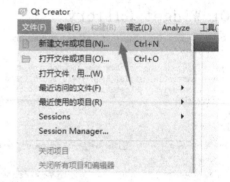

图 0-13 新建项目

在新建项目中依次选择"Application""Qt Widgets Application",如图 0-14 所示。

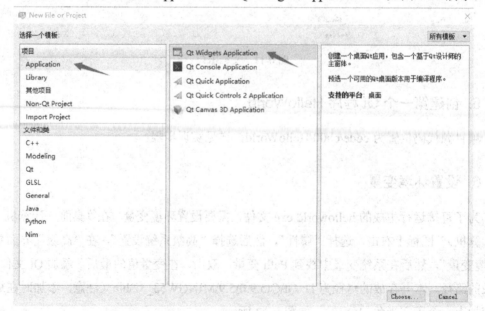

图 0-14 选择项目类型

单击按钮"Choose…"后，在图 0-15 所示的界面中，输入项目名称 HelloWorld，并选择合适的创建路径，单击"下一步"。

图 0-15 输入项目名称和路径

在类信息中选择基类 QWidget，勾选"创建界面"，如图 0-16 所示，单击"下一步"。再单击"完成"后，完成创建项目指引，显示界面如图 0-17 所示。窗口左上角显示了项目文件信息，单击图标 ，可以选择简化树形图，如图 0-18、图 0-19 所示。

图 0-16 选择基类　　　　图 0-17 完成创建项目指引后的界面

双击左上角项目文件中的 widget.ui 文件，将打开 Qt 设计器，在窗口左边的控件区中，找到 Display Widgets 中的 Label 控件，用鼠标左键按住 Label 控件并拖到设计区，如图 0-20

所示。

图0-18 项目文件列表

图0-19 简化树形视图后项目文件列表

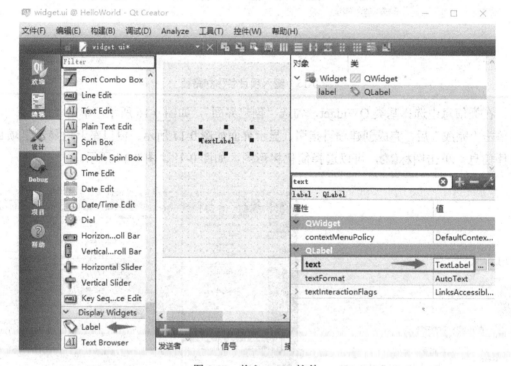

图0-20 拖入Label控件

双击设计区中Label控件，修改文本内容为"Hello World!"，或者在右下角的属性编辑器中找到text属性，也可以修改文本内容，如图0-21所示。

单击Qt Creator窗口左下角的绿色三角形运行图标（或"Ctrl+R"快捷键），就可以运行当前程序，如图0-22所示。

第一个Qt程序HelloWorld运行后的界面如图0-23所示。至此，第一个Qt程序就完成了。

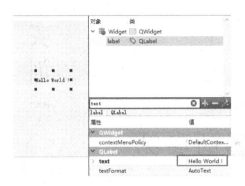

图 0-21　编辑标签 text 属性　　　图 0-22　运行程序　　　图 0-23　程序运行效果

（四）小结

本实训主要介绍了为后续实训所做的准备工作，包括 Qt 的下载、安装，Qt Creator、Qt Assistant 的简单介绍，以及第一个 Qt 程序"HelloWorld！"的完成。我们介绍了 Qt Assistant 的独立使用，且 Qt Creator 的帮助模式已将其整合进来，在 Qt Creator 中可以切换到帮助模式来使用它。Qt Assistant 的使用非常重要，后面所有的知识点几乎都要使用 Qt Assistant。如果读者的自学能力足够强，甚至可以通过 Qt Assistant 搭配一些示例项目完成对 Qt 的学习。现在，我们应该已经搭建好了 Qt 的编程环境，对如何新建项目和使用 Qt Assistant 也有了一些了解，接下来，让我们开始正式进入 Qt 的学习当中。

> **小技巧**
>
> 创建 Qt 程序后，在代码编辑模式下，可以用快捷键"Ctrl++"（同时按住 Ctrl 键和加号键）或者快捷键"Ctrl+-"（同时按住 Ctrl 键和减号键）来放大或者缩小代码字体，也可以使用 Ctrl 键和鼠标滚轮来放大和缩小字体，使用"Ctrl+0"可以将字体恢复为默认大小。

实训一

计算器 V1.0：简易计算器的实现

（一）实训内容

1. Qt 项目的结构
2. Qt Designer 简介
3. 窗口的常用属性和功能
4. 标签、行编辑器、按钮等常用控件的使用
5. 用 Qt Desiger 设计一个桌面应用
6. 实现计算器 V1.0：简易计算器

（二）实训原理

1. Qt 项目的结构

图 1-1　项目文件结构

　　以 HelloWorld 为例，在打开工程后，Qt Creator 窗口的左上角是项目文件信息，如图 1-1 所示。其中，HelloWorld.pro 为项目文件，主要记录项目的信息，如项目包含的头文件、源文件及项目中用到的一些 Qt 模块的名称，它包含 3 个目录：Headers、Sources、Forms。Headers 和 Sources 分别容纳项目中的头文件和源文件，widget.h 文件是新建 Widget 类的头文件，widget.cpp 文件是新建 Widget 类的源程序文件，main.cpp 文件中包含了 main() 主函数。而 Forms 目录中存放的是一个 Qt 中专门用来描述 UI 界面的文件，其用 XML 语言描述界面信息，一般不需要手动输入，由 Qt Desinger 自动生成即可。

2. Qt Designer 简介

Qt Designer（设计师）是 Qt 用来设计和构建来自 Qt 组件的图形用户界面（GUI），在这里可以以所见即所得的方式设计和自定义界面，并使用不同的样式和分辨率对界面进行测试。

Qt Designer 已经被集成在了 Qt Creator 中，双击项目中的界面文件（.ui），将直接跳转到 Qt Designer 中。Qt Designer 主要分为 5 个区域，如图 1-2 所示，下面分别进行介绍。

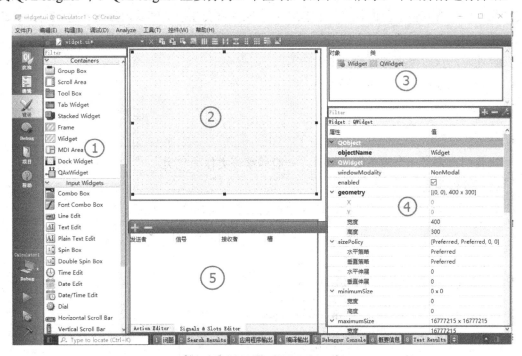

图 1-2 设计模式界面

区域①是 Qt 中所有 UI 控件的列表。列表对不同的控件进行了分类，查找控件时，可以在最顶端根据控件的名称进行查找，也可以在列表中根据控件的分类进行查找。

区域②是界面窗口的显示区域。当前界面的大小、外观都会在这里显示出来，可以在这里随时查看界面的外观、更改控件的位置，以及更改控件的布局等。

区域③是当前界面中所有控件的列表。由于每个控件都被另一个控件包含(除了窗口)，所以控件之间的关系是一个树形结构，该列表也以类似文件系统的树形结构表示，最顶端的是界面的窗口控件。

区域④是控件属性的显示区域。在这里可以更改控件的各种属性，如控件的位置、大小，也可以精确地设置控件的位置和大小。除此之外还有很多属性，各属性按照控件的继承关系进行分类，下文将进行详细讲解。

区域⑤是界面控件之间信号和槽的信息及菜单控件选项（QAction）信息的显示区域。

同区域④一样，这里可以编辑界面控件之间信号和槽的各种信息，以及 QAction 的属性。

3. 窗口的常用属性和功能

（1）QWidget 介绍

图形用户界面由不同的窗口和窗口组件构成，QWidget 类是所有图形用户界面对象的基类，称为基础窗口控件。它是一块矩形的界面可视区域，代表一个最基本的界面控件。它具备所有界面控件共有的特征，如接收鼠标点击事件、键盘事件、区域渲染等。QWidget 控件也可以包含其他的界面控件，它包含的子控件将会在它的区域内显示并遮盖它，因此它通常作为一个简单的窗口来使用（当创建一个 QWiget 对象时没有指定一个其他控件作为其父控件时，该对象将被视为一个窗口）。

例如，创建一个窗口的代码如下：

```
QWidget w;
w.show();
```

当我们自定义一个简单窗口类时，一般继承该类作为父类。

（2）控件位置

在 Containers 中找到 Widget，即为 QWidget 控件的位置，如图 1-3 所示。

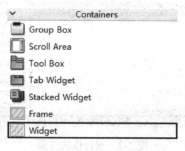

图 1-3 控件位置

（3）控件设置选项

在 QWidget 控件中，一般对如下属性进行设置，由于 QWidget 是所有控件的基类，所以 QWiget 控件的属性其他控件也都有。

- objectName：该控件在源代码中的名字。
- geometry：该控件的位置和大小。
- windowTitle：窗口的标题（只有当该控件是窗口时才有效）。
- windowIcon：窗口的图标（只有当该控件是窗口时才有效）。

例如，图 1-4 中更改窗口标题为"窗口标题"，并给窗口设置一个图标（qt.jpg），程序运行后的显示效果如图 1-5 所示。

实训一 计算器 V1.0：简易计算器的实现

图 1-4 窗口属性　　　　　　　　图 1-5 窗口示例运行效果

（4）控件的常用成员函数

① void QWidget::setGeometry(int x, int y, int w, int h)

设置窗口的位置和大小。

② void QWidget::move(int x, int y)

将窗口的位置改为（x, y）。

③ void QWidget::setWindowTitel(const QString &)

设置窗口的标题。

④ void QWidget::setWindowState(Qt::WindowStates windowState)

设置窗口当前的状态，如最小化，全屏等，将当前窗口最大化的代码如下：

```
w->setWidnow State(Qt::WindowFullScreen);
```

4. 标签、行编辑器、按钮等常用控件的使用

Qt 为应用程序界面的开发提供了一系列的控件，包括布局组（Layouts）、空间间隔组（Spacers）、按钮组（Buttons）、项目视图组（Item Views）、项目窗口组（Item Widgets）、容器组（Containers）、输入控件组（Input Widgets）、显示控件组（Display Widgets）。所有控件的使用方法都可以通过帮助文档获取。下面介绍在本实训中需要使用到的 5 个控件，其他控件会在后续实训中陆续介绍。

（1）标签 QLabel 类

① 控件介绍

QLabel 类是我们最常用的控件之一，其功能很强大，可以用来显示文本、图片和动画等。Label 控件（标签）的样式如图 1-6 所示。

② 控件位置

在 Display Widgets 中找到 Label，即为 Label 控件的位置，如图 1-7 所示。

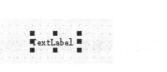
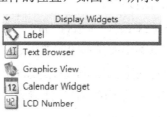

图 1-6 标签控件　　　　　　　　图 1-7 控件位置

③ 控件设置选项

在 QLabel 控件的属性选项中，一般对以下选项进行设置。
- objectName：该控件对应源代码中的名称。
- font：text 的字体。
- text：标签控件中显示的文本信息。

例如，图 1-8 中更改标签显示文本为"Hello World!"，图 1-9 设置文本的字体大小为 18，勾选下划线，运行效果如图 1-10 所示。

图 1-8 编辑文本

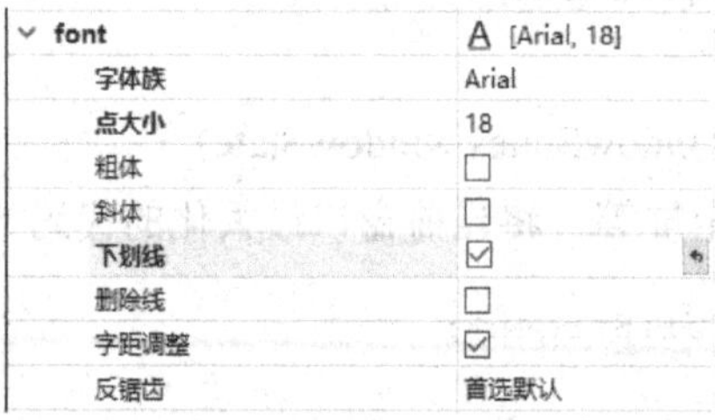

图 1-9 编辑属性 　　　　　　　　图 1-10 标签示例运行效果

④ 常用成员函数
- Void QLabel::setText(const QString &)
  设置标签的文本。例如，可以显示普通文本字符串，代码如下：

```
QLable *label = new QLable;
label->setText("Hello, World!");
```

还可以显示 HTML 格式的字符串，如显示一个链接，代码如下：

```
QLabel * label = new QLabel(this);
label ->setText("Hello, World");
label ->setText("<h1><a href=\"https://www.baidu.com\">百度</a></h1>");
```

- void QLabel::clear ()
  清除标签内容。
- QString QLabel::text () const
  返回标签当前显示的文本信息。
- void QLabel::setPixmap(const QPixmap &)
  设置标签显示的图片，注意设置图片后之前的文本内容将被丢弃，设置文本后，之前的图片将被丢弃。

（2）行编辑器 QLineEdit 类

① 控件介绍

QLineEdit 类是一个单行文本编辑器，如图 1-11 所示，用户可以在此编辑文本（支持粘贴、撤销等常用文本操作）。与之相关的一个类是 QTextEdit，允许多行富文本编辑。文本的最大长度为 32767，可以用 void QLineEdit::setMaxLength(int) 函数进行修改。

② 控件位置

在 Input Widgets 中找到 Line Edit，即为 Line Edit 控件的位置，如图 1-12 所示。

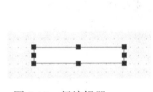
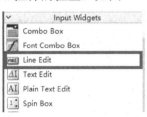

图 1-11　行编辑器　　　　　　　　图 1-12　控件位置

③ 控件设置选项

在 QLineEdit 控件的属性选项中，一般对以下选项进行设置。

- objectName：该控件对应源代码中的名称。
- echoMode：控件中文本内容的显示形式（若选为 Password 模式，则会以小圆点代替文本内容）
- alignment：控件中文本的对齐方式。
- placeholderText：输入框中的提示信息。（当输入为空时，该文本会以灰色显示在输入框内）。

例如，图 1-13 将 Line Edit 的 echoMode 设置为 Password，图 1-14 将 alignment 水平方向设置为 AlignHCenter（居中），图 1-15 将 placeholderText 的内容设置为密码。运行效果如图 1-16 所示，在输入框中输入内容并回车确定后，效果如图 1-17 所示。

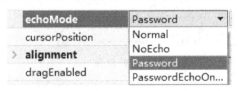
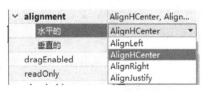

图 1-13　设置 echoMode 属性　　　　　图 1-14　水平居中

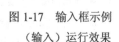

图 1-15　编辑 placeholderText 属性　　图 1-16　输入框示例（空白）　图 1-17　输入框示例
　　　　　　　　　　　　　　　　　　　　　　运行效果　　　　　　　（输入）运行效果

④ 常用成员函数

- QString QLineEdit::text()

返回输入框内的文本内容。

- void QLineEdit::setText(const QString &)

设置输入框中的文本内容(输入框中已有的内容会被丢弃)。

- void QLineEdit::setMaxLength(int)

设置输入框中最大文本长度。

- void QLineEdit::setAligment(Qt::Alignment flag)

设置输入框中文本的对其方式,竖直和水平方向可以同时设置,用 C++中的或运算符("|")将两个枚举常量连接即可。例如,将输入框中文本的对其方式设置为水平右对齐,竖直居中,代码如下:

```
QLineEdit *lineEdit = new QLineEdit();
lineEdit->setAlignment(Qt::AlignRight | Qt::AllignVCenter);
```

- void QLineEidt::clear()

清除输入框中内容。

(3) 选值框 QSpinBox 类

① 控件介绍

QSpinBox 类是一个整数旋转框,如图 1-18 所示。Spin Box 允许用户通过单击向上/向下按钮来增大/减小当前显示的值,也可以直接输入旋转框的值。该值为一个整数,与之对应的为 QDoubleSpinBox 类,其值为一个双精度浮点数。

② 控件位置

在 Input Widgets 中找到 Spin Box,即为 Spin Box 控件的位置,如图 1-19 所示。

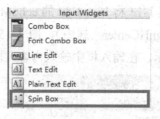

图 1-18 选值框　　　　　　　　　　图 1-19 控件位置

③ 控件设置选项

在 QSpinBox 的属性选项中,一般对以下选项进行设置。

- objectName:该控件对应源代码中的名称。
- minimum:旋转框中数值的最小值。
- maximum:旋转框中数值的最大值。
- suffix:旋转框中数值的后缀,如货币或计量单位。
- prefix:旋转框中数值的前缀,如货币或计量单位。
- value:旋转框中的初始数值。

- singleStep：步长值，即单击向上/向下按钮时增大/减小的值。
- displayIntegerBash：设置数值以几进制形式显示（默认为十进制）。
- wrapping：决定控件内的数值是否循环。例如，若 minimum 为 0，maximum 为 9，value 的值现在为 9，此时单击向上按钮，若 wrapping 为真，则值变为 0，若 wapping 为假，则值不变，该属性默认为假。

例如，将 QSpinBox 的最大值及初始值都设置为 9，如图 1-20 所示。之后运行程序单击向上按钮，是否勾选 wrapping 的结果如图 1-21 所示。

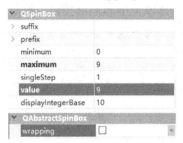

图 1-20　选值框属性

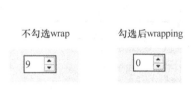

图 1-21　选值框示例

④ 常用成员函数
- int QSpinBox::value() const

返回当前旋转框中数值。

- void QSpinBox::setRange(int minimum, int maximum)

设置旋转框中数值的范围。

- void QSpinBox::setSingleStep(int val)

设置步长，对应控件在 Qt Designer 中的 singleStep 属性。

- void QSpinBox::setValue(int val)

设置旋转框当前值。

- void QSpinBox::setWrapping(bool w)

设置是否开启循环，true 为开启，false 为关闭。

（4）按钮 QPushButton 类

① 控件介绍

QPushButton 类是 Qt 中最常用的一个按钮控件，一般用来表示一个命令按钮，通常为矩形且带有一段文本指示用户将会执行的操作。Push Button 还可作为菜单按钮，当用户单击时，可以显示一个菜单中的各种选项。

② 控件位置

在 Buttons 中找到 Push Button，即为 Push Button 的位置，如图 1-22 所示。

③ 控件设置选项

在 QPushButton 控件的属性选项中，一般对以下选项进行设置。

- objectName：控件在源代码中的名称。
- text：按钮中文本的内容。
- icon：按钮中的图片。
- enabled：该属性是从 QWidget 中继承的属性，决定了按钮能否被按下（默认为真）。
- shortcut：按钮的快捷键，当用户按下该按键时相当于按钮被单击（在之后的实训中会用到此功能）。
- flat：按钮的外观是否有突起，若为真，则没有突起。
- checkable：按钮是否可以被选中，如 word 字体设置中的加粗按钮，单击一次选中，再单击一次恢复，如图 1-23 所示，该属性默认为不选中。

 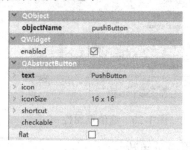

图 1-22 控件位置　　　　　　　　图 1-23 按钮属性

④ 常用成员函数

- QString QPushButton::text()

返回按钮中的文本值。

- void QPushButton::setText(const QString &)

设置按钮中的文本内容。

- void QPsuhButton::setEnable(bool)

设置按钮能否被按下，对应 enabled 属性，在代码中，此函数一般使用在特定情况下阻止用户再次单击（如登录时防止用户多次单击登录按钮）。

- void QPushButton::setShortcut(const QKeySequence &key)

设置按钮的快捷键。例如，将一个 OK 按钮的快捷键设为"Ctrl+o"，代码如下：

```
QPushButton *okBtn = new QPushButton;
okBtn->.setShortcut(QKeySequene("Ctrl+o");
```

5. 用 Qt Desiger 设计一个桌面应用

运行 Qt Creator，依次单击 Qt Creator 菜单中的"文件—新建文件或项目(N)…"，在新建项目中依次选择"Application""Qt Widgets Application"，单击按钮"Choose…"后，输入项目名称 Calculator1，选择合适的路径，单击"下一步"，在类信息中选择基类 QWidget，勾选"创建界面"，并完成创建项目指引。显示界面和实训准备中第一个 Qt 程序 HelloWorld 类似，如图 1-24 所示。

实训一 计算器V1.0：简易计算器的实现

图 1-24 创建项目

打开 Qt Designer，窗口属性如图 1-25 所示，设置窗口高度和标题，如图 1-26、图 1-27、图 1-28 所示。运行后，窗口显示效果如图 1-29 所示。

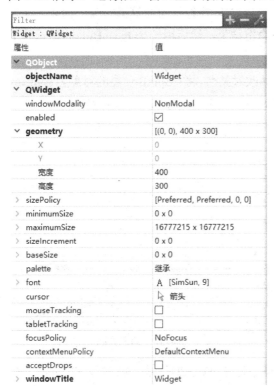

图 1-25 窗口属性

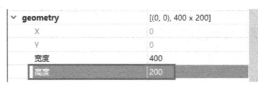

图 1-26 设置高度属性

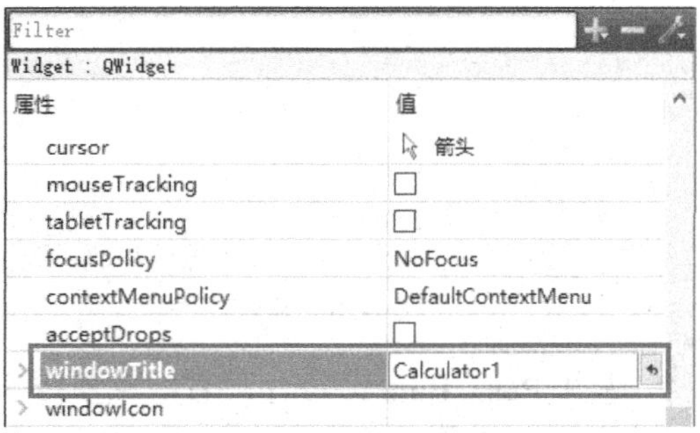

图 1-27 windowTiel 属性

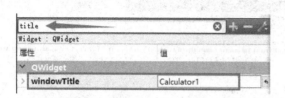

图 1-28　设置 windowTitle 属性

图 1-29　程序运行效果

6. 实现计算器 V1.0：简易计算器

计算器 V1.0：简易计算器的实现，项目位置为 code/ch01/calculator，详见实训步骤。

（三）实训步骤

计算器 V1.0：简易计算器的实现在本实训前面工作的基础上进行。

图 1-29 所示的窗体中什么内容都没有。首先，我们向窗体中添加一些控件。双击 widget.ui 文件，进入设计模式，在设计器左边窗口的控件箱中，拖入我们需要的控件到程序窗口中，如图 1-30 所示。我们拖入了两个 Spin Box 控件作为计算器的两个加数，一个 Label 用来显示一个加号，一个 Line Edit 用来输出结果，然后用一个 Push Button 显示等于符号确定进行运算。

对照图 1-31 中对象查看器中的对象列表，修改对象名，将 QSpinBox 类的对象名 spinBox 和 spinBox_2 分别修改为 num1 和 num2，将 QLineEdit 类的对象名 lineEdit 修改为 sum。在属性编辑框中也可以修改上述对象名。

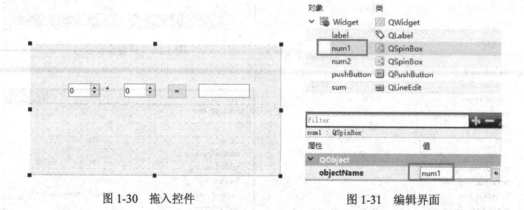

图 1-30　拖入控件　　　　　　　　图 1-31　编辑界面

选中 Push Button 控件，右击选择转到槽，选择 clicked()信号，如图 1-32 所示。在 widget.cpp 文件中编辑槽函数，如图 1-33 所示。

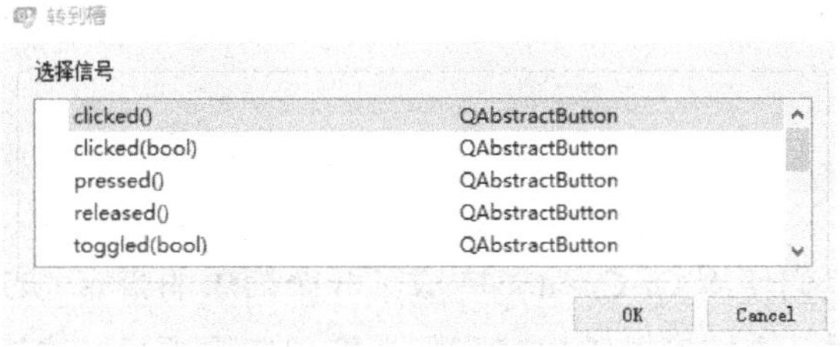

实训一 计算器 V1.0：简易计算器的实现

图 1-32 选择信号

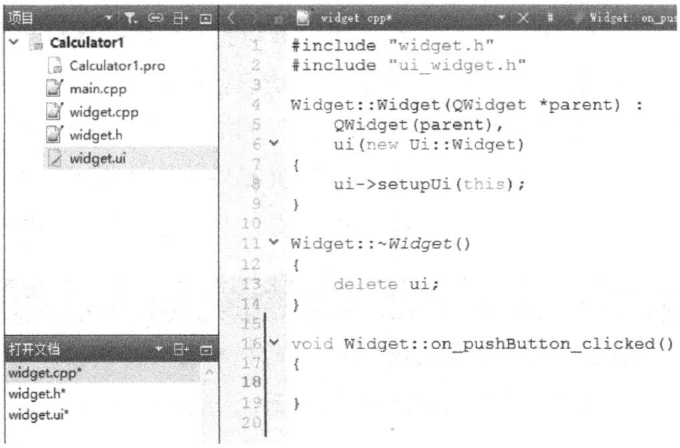

图 1-33 编辑槽函数

在函数 Widget::on_pushButton_clicked()中输入如下代码：

```cpp
void Widget::on_pushButton_clicked()
{
    int a = ui->num1->value();
    int b = ui->num2->value();
    ui->sum->setText(QString::number(a + b));
}
```

运行程序，将第一个输入框设置为数字 2，第二个输入框设置为数字 6，单击 "=" 按钮后，结果输出为 8，如图 1-34 所示。

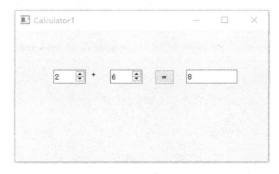

图 1-34 计算器 V1.0 运行效果

（四）小结

在本次实训中，我们使用 Qt Creator 完成了一个简单的带有 GUI 的加法计算器。我们首先使用项目构建向导，快速简单地构建了一个窗口应用项目，然后用 Qt Designer 以所见即所得的方式设计了应用的界面，最后在源代码中编写了程序的逻辑（处理函数），Qt 自动地将界面发生的事件（鼠标单击）和在代码中编写的处理函数连接起来（需要符合一定条件），一个简单的窗口应用就这样完成了。是不是感觉很简单？实际上，相对于命令行程序，带界面的程序确实要复杂得多，不过得益于 C++语言面向对象的特点，Qt 将复杂重复的地方全部封装了起来，我们创建界面只要使用 Qt 提供的控件就可以了。本次实训只使用了几个简单的控件，读者则可以自己仿照本实训做一些其他有趣的小程序。

> **小技巧**
> 1. 快捷键"Ctrl + i"可以将 Qt Creator 选中的代码自动格式化。
> 2. 快捷键"Shift + Alt + r"可以直接预览界面。

实训二

计算器 V2.0：基本计算器的实现

（一）实训内容

1. 布局管理器的基本概念和作用
2. 几种常用的布局管理器
3. 使用 Qt Designer 设计基本计算器界面
4. 使用布局管理器管理计算器界面
5. 实现计算器 V2.0：基本计算器

（二）实训原理

1. 布局管理器的基本概念和作用

第一次接触界面编程的读者可能对布局管理器比较陌生，不过理解起来很简单，它是用来管理界面布局的。那么为什么要去管理布局呢？在实训一中我们没有用到布局管理器，不是也同样完成了吗？首先，在一些简单的界面中，不使用布局管理器也可以，但是在一个复杂的界面中，如一个基本的计算器中，它有"0~9"10 个数字按钮，4 个运算按钮，还有删除和求值按钮等，如果希望这些按钮整齐地排列在一起，怎么办？当然，我们可以自己用鼠标拖动并计算它们的位置然后设置它们的坐标，虽然麻烦了一点，也能完成。不过，如果我们还想让按钮的大小随着窗口的改变而改变呢？可能有界面编程经验的读者会说，可以接收窗口大小改变的事件，然后再根据窗口的大小改变按钮的大小，当然这样也可以。如果没有布局管理器，我们只能这么做，但为了让界面编程更有效率，从这些烦琐的事情中脱离出来，专注于界面本身，就需要使用布局管理器了。它可以用来管理界面中控件的排列、大小，而无须关心实现细节。

布局管理器实际上是对界面布局管理操作的一个抽象集合，也可以理解为对布局相关函数和数据封装的一个类，它的作用是让管理的控件按照用户想要的方式排列。

2. 几种常用的布局管理器

布局管理器非常重要，Qt 中当然也提供了在界面中使用的布局管理器，所有 QWidget 的子类及其本身，都可以用 void QWidget::setLayout(QLayout layout)函数来设置该控件的布局管理器。一旦设置了布局管理器，它便会控制该控件的子控件的位置、大小，并在控件的大小变化时自动处理。

Qt 中主要提供了 QLayout 类和它的子类作为布局管理器，它们可以实现常用的布局管理功能。常用的几种布局类的关系如图 2-1 所示。

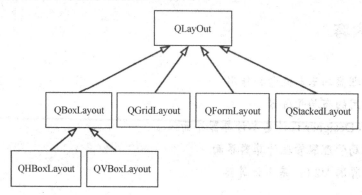

图 2-1 常用布局类的关系

QLayoutItem 提供了一个供 QLayout 操作的抽象项目。QLayout 是所有布局管理器的基类，它是一个抽象类。通常我们并不会用到这两个类，只有在设计自己的布局管理器时才会与它们打交道，所以不对其过多介绍，感兴趣的读者可以自行查阅帮助文档。我们主要介绍 QLayout 的 4 个子类：QBoxLayout、QFormLayout、QGridLayout 和 QStackLayout，熟练地掌握这几个常用布局类，就可以满足绝大部分界面编程的需求了。

（1）基本布局管理器 QBoxLayout 类

① 简介

基本布局管理器 QBoxLayout 类可以使子控件在水平方向或垂直方向排成一列，如图 2-2 所示。它将控件的区域分成几个等高（水平排列）或等宽（垂直排列）的盒子，然后将子控件填充到盒子里。我们可以在创建时指定排列方向，之后也可以通过 void QLayout::setDirection(Direction dir)函数进行更改。一般通过它的两个子类 QHBoxLayout 或 QVBoxLayout 创建水平方向或垂直方向的布局管理。QHBoxLayout 和 QVBoxLayout 除构造时初始的方向不同外，其他均与 QBoxLayout 相同。

② 属性设置选项

在 Qt Designer 中为一个控件设置了布局管理器后，该控件属性的最下面就会出现布局管理器的属性。在 QBoxLayout 的属性选项中，一般对以下选项进行设置。

实训二 计算器 V2.0：基本计算器的实现

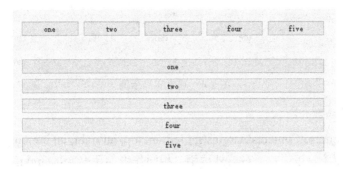

图 2-2 基本布局示例

- layoutName：创建的布局管理器对象的名字。
- layout*Margin：上下左右的边距（*号代表 Top、Bottom、Left、Right 中的一种）。
- layoutSpacing：子控件之间的间距。
- layoutStretch：各个子控件的伸缩因子，默认为 0（不起作用），如果我们想让两个控件所占的空间大小成比例，则可以将它们的伸缩因子设置成它们之间的比例。
- layoutSizeConstraint：约束窗口大小，这个属性只有在该布局管理器是窗口的布局管理器时才有效果，它的几个取值的含义如表 2-1 所示，这个属性的默认值为 SetDefaultConstraint，若将其设为 SetFixedSize，就可以将窗口的大小固定。

表 2-1 layoutSizeConstraint 属性的取值

常量	描述
QLayout::SetDefaultConstraint	主窗口大小设置为 minimumSize() 的值，除非该控件已经有一个最小值
QLayout::SetSFixedSize	主窗口大小设置为 sizeHint() 的值，它无法改变大小
QLayout::setMinimumSize	主窗口的最小大小设置为 minimumsize 的值，它无法再缩小
QLayout::setMaximumSize	主窗口的最大大小设置为 maximumSize() 的值，它无法再放大
QLayout::SetMinAndMaxSize	主窗口的最小大小设置为 minimumSize() 的值，最大大小设置为 maximumSize() 的值
QLayout::SetNoConstaint	窗口不被约束

在图 2-2 中，将每个按钮的间距设为 20，并让 two 按钮和其他按钮的宽度比为 2:1，设置窗口如图 2-3 所示，界面运行效果如图 2-4 所示。

图 2-3 基本布局属性设置

图 2-4 基本布局示例

③ 常用成员函数介绍
- void QLayout::setContentsMargins(int left, int top, int right, int bottom)

用所给值设置上、下、左、右的外边距，相同作用的还有 setMargin(int)函数，其将上、下、左、右外边距设为同一个值。

- void QBoxLayout::setSpacing(int spacing)

设置子控件之间的间距。

- void QBoxLayout::addStretch(int stretch = 0)

添加一个伸缩空间，可用此来占据控件中多余的空间，将子控件挤到一端。

- void QBoxLayout::addWidget(QWidget *widget, int stretch = 0, Qt::Alignment alignment = Qt::Alignment())

添加子控件到布局管理器中，子控件的伸缩因子默认为 0，对齐方式默认为居中对齐，可以在添加子控件时，自定义子控件的伸缩因子和对齐方式，子控件的对齐方式无法在 Qt Designer 中设置。

在代码中使用 QBoxLayout 基本布局管理器的示例如下：

```
QPushButton *pButton1 = new QPushButton("One");
QPushButton *pButton2 = new QPushButton("Two");
QPushButton *pButton3 = new QPushButton("Three");
QPushButton *pButton4 = new QPushButton("Four");
QPushButton *pButton5 = new QPushButton("Five");

QHBoxLayout *pHLayout = new QHBoxLayout();
pHLayout->setMargin(20);
pHLayout->setSpacing(20);
pHLayout->addWidget(pButton1, 1);
pHLayout->addWidget(pButton2, 2, Qt::AlignTop);
pHLayout->addWidget(pButton3, 1);
pHLayout->addWidget(pButton4, 1);
pHLayout->addWidget(pButton5, 1);

w.setLayout(pHLayout);
w.show()
```

界面运行效果如图 2-5 所示。

实训二 计算器 V2.0：基本计算器的实现

图 2-5 界面运行效果

④ 项目实例

下面通过一个具体的实例来介绍 QBoxLayout 布局管理器的使用。项目位置为 code/ch02/BoxLayout。

首先，打开 Qt Creator，单击"文件—新建文件或项目(N)…"，使用构建向导构建一个 Qt 窗口应用项目，将项目名设置为 BoxLayout。

双击 widget.ui 文件，转到设计模式，向窗口中拖入 3 个 Widget 控件，然后选中主窗口，单击上方的 ■ 图标，将主窗口的布局管理器设置为 QVBoxLayout，让 3 个 Widget 控件竖直排列，如图 2-6 所示。

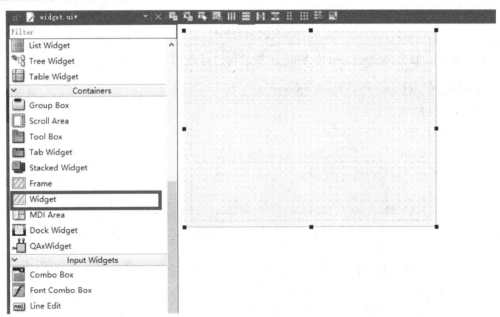

图 2-6 拖入 3 个 Widget 控件

再分别向 3 个 Widget 控件内拖入 3 个按钮，依次将 9 个按钮上的文本改为 one～nine，将最上面的 Widget 控件的布局管理器设置为水平布局（QHBoxLayout），并将第二个按钮与其他按钮的比例设置为 2:1。将第二个 Widget 控件的布局管理器设置为垂直布局（QVBoxLayout）。第三个 Widget 控件的布局在代码中设置，先修改控件的名字，以方便在代码中引用，如图 2-7 所示。

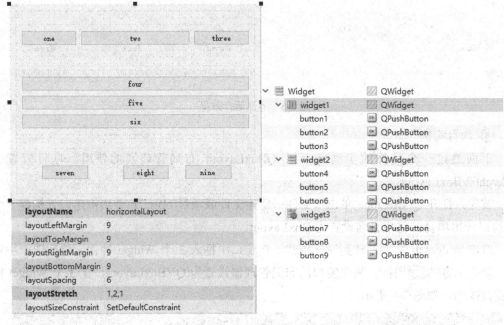

图 2-7 界面编辑

在代码中,修改 Widget.cpp 中 Widget 类的构造函数如下:

```
Widget::Widget(QWidget *parent) :
    QWidget(parent),
    ui(new Ui::Widget)
{
    ui->setupUi(this);

    QHBoxLayout *hLayout = new QHBoxLayout();
    hLayout->addWidget(ui->button7, 0, Qt::AlignTop);
    hLayout->addWidget(ui->button8);
    hLayout->addWidget(ui->button9, 0, Qt::AlignBottom);

    ui->widget3->setLayout(hLayout);
}
```

代码中,我们为第 3 个 Widget 控件设置了一个水平布局,并且让 button7 向上对齐,button9 向下对齐,button8 默认居中对齐。运行程序后,其界面运行效果如图 2-8 所示。

(2) 栅格布局管理器 QGridLayout 类

① 简介

栅格布局管理器 QGridLayout 类使控件在网格上进行布局,它首先将控件的空间划分为规定的行和列,然后将子控件放到正确的单元格中。

实训二 计算器 V2.0：基本计算器的实现

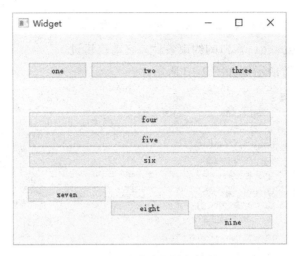

图 2-8 基本布局运行效果

在栅格布局中，列和行是等价的，因此接下来介绍的列的一些性质，对于行也是相同的。在划分的网格中，每列都有一个最小宽度和伸缩因子，最小宽度规定了列的最小宽度，可以通过 setColumnMinimumWidth() 来设置，伸缩因子和之前 QBoxLayout 中的伸缩因子概念相同，不过是列的伸缩因子，可以用 setColumnStretch() 来设置，使不同列之间的宽度成比例，图 2-9 所示为一个使用栅格布局的简单界面。

图 2-9 栅格布局示例

② 属性设置选项

在 QGridLayout 的属性选项中，一般对以下选项进行设置。

- layout*Margin：上、下、左、右的外边距（*号代表 Top、Bottom、Left、Right 中的一种）。
- layoutHorizontalSpacing：每列之间的间距。
- lalyoutVerticalSpacing：每行之间的间距。
- layoutRowStretch：每行的伸缩因子，在前面已经提过，默认为 0（不起作用）。
- layoutColumnStetch：每列的伸缩因子，默认为 0。
- layoutRowMinimumHeight：每行的最小高度。

- layoutColumnMinimumWidth：每列的最小宽度。
- layoutSizeConstraint：窗口的约束条件，之前已讲过。

栅格布局属性设置的示例如图 2-10 所示。

属性	值
layoutName	gridLayout
layoutLeftMargin	9
layoutTopMargin	9
layoutRightMargin	9
layoutBottomMargin	9
layoutHorizontalSp...	6
layoutVerticalSpacing	6
layoutRowStretch	0,0,0,0,0
layoutColumnStretch	0,0,0
layoutRowMinimu...	0,0,0,0,0
layoutColumnMini...	0,0,0
layoutSizeConstraint	SetDefaultConstraint

图 2-10　栅格布局属性设置

③ 常用函数

- void QGridLayout::addWidget(QWidget *widget, int row, int column, Qt::Alignment alignment = Qt::Alignment())
- void QGridLayout::addWidget(QWidget *widget, int fromRow, int fromColumn, int rowSpan, int columnSpan, Qt::Alignment alignment = Qt::Alignment())

以上两个函数用于向指定的位置添加一个子控件，可以让子控件占据多个单元格。

- void QGridLayout::setRowStretch(int row, int stretch)
- void QGridLayout::setColumnStretch(int column, int stretch)

以上两个函数用于设置指定行/列的伸缩因子。

- void QGridLayout::setSpacing(int spacing)
- void QGridLayout::setVerticalSpacing(int spacing)
- void QGridLayout::setHorizontalSpacing(int spacing)

前两个函数用于设置水平/垂直边距，setSpacing(int spacing)可以同时设置水平边距和垂直边距，设置后水平边距和垂直边距相等。

- void QGridLayout::setColumnMinimumWidth(int column, int minSize)
- void QGridLayout::setRowMinimumHeight(int row, int minSize)

以上两个函数用于设置列/行的最小宽度/高度。

- int QGridLayout::rowCount() const
- int QGridLayout::columnCount() const

以上两个函数用于获取行数/列数。

- void QGridLayout::setOriginCorner(Qt::Corner corner)

设置表格的方向，和 QBoxLayout 的 setDirection()类似。

④ 项目实例

下面通过一个具体的实例来介绍栅格布局管理器的使用，项目位置为 code/ch02/GridLayout。同样使用构建向导创建一个 Qt 窗口应用项目，将基类改为 QWidget，项目名设为 GridLayout。

双击 widget.ui 文件，转到设计模式，向窗口拖入几个标签和输入框，并修改对象名，如图 2-11 所示。

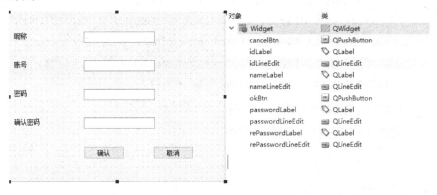

图 2-11　界面编辑

此时我们只需要选中主窗口，然后单击 图标或者按 "Ctrl+G" 快捷键自动完成栅格布局，界面运行效果如图 2-12 所示。

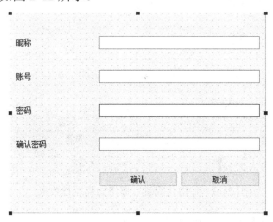

图 2-12　栅格布局运行效果

下面介绍在代码中使用栅格布局的方式。单击 打破布局，然后修改 widget.cpp 中 Widget 类的构造函数如下：

```
Widget::Widget(QWidget *parent) :
    QWidget(parent),
    ui(new Ui::Widget)
{
    ui->setupUi(this);
```

```cpp
    QGridLayout *gLayout = new QGridLayout();
    gLayout->addWidget(ui->nameLabel, 0, 0);
    gLayout->addWidget(ui->nameLineEdit, 0, 1, 1, 2);
    gLayout->addWidget(ui->idLabel, 1, 0);
    gLayout->addWidget(ui->idLineEdit, 1, 1, 1, 2);
    gLayout->addWidget(ui->passwordLabel, 2, 0);
    gLayout->addWidget(ui->passwordLineEdit, 2, 1, 1, 2);
    gLayout->addWidget(ui->rePasswordLabel, 3, 0);
    gLayout->addWidget(ui->rePasswordLineEdit, 3, 1, 1, 2);
    gLayout->addWidget(ui->okBtn, 4, 1);
    gLayout->addWidget(ui->cancelBtn, 4, 2);

    setLayout(gLayout);
}
```

运行程序，界面运行效果如图 2-13 所示。

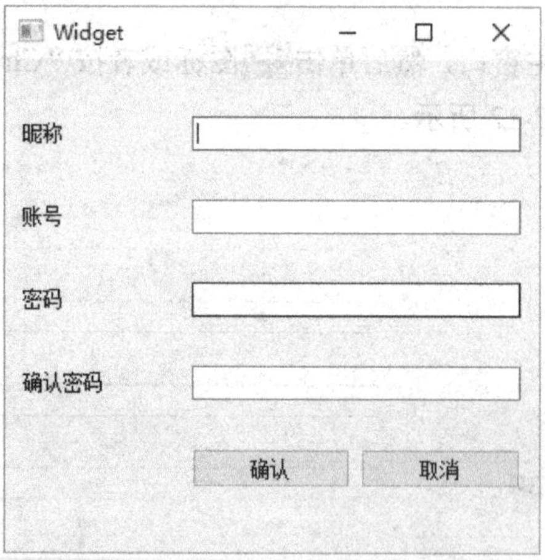

图 2-13　使用代码进行栅格布局运行效果

(3) 表单布局管理器 QFormLayout 类

① 简介

表单布局管理器 QFormLayout 类是专门用来实现表单模式的一种布局，如图 2-14 所示。表单就是提示用户输入规定信息的一种交互模式，表单一般有两列，第一列用于显示信息，供用户输入提示，一般称为 label 域；第二列是需要用户输入的区域，一般称为 field 域。表单布局就是由很多行这两列组成的布局。看到这里读者可能会

图 2-14　表单布局示例

有疑问，这不就是一个多行两列的表格吗？没错，表单布局完全可以用栅格布局来做，不过表单布局在处理表单类型的布局时有其独特的优势，其特点如下：

- 可以适应不同平台外观和感觉的一致性；
- 支持一行的 label 和 field 换行显示。有两种策略，一种是如果输入域过长，field 换行显示，另一种是不论怎样都换行显示，默认是一行显示两个域；
- 创建 label-field 对便捷的接口。一般的布局，想要关联 label 和 field，需要创建好 label 和 field，并且调用 label 的 setBuddy 才能完成，但在表单布局中，使用 addRow 就可以直接对应了。

② 属性设置选项

在 QFormLayout 的属性选项中，一般对以下选项进行设置。

- fieldGrowthPolicy：field 域如何扩张，默认值取决于应用程序的风格。
- formAligment：表单内容的对齐方式。
- horizontalSpacing：每行之间的间距。
- labelAlignment：label 标签的水平对齐方式。
- rowWrapPolicy：保存每行换行的方式，其取值范围如表 2-12 所示。

表 2-12　rowWrapPolicy 取值范围

常　量	描　述
QFormLayout::DontWrapRows	field 域总是放在 label 域的后面
QFormLayout::WrapLongRows	label 域被给予足够的空间，剩下的空间给 field 域，如过剩余的空间小于 field 域内控件的最小尺寸，那么 field 域将会被放到下一行
QFormLayout::WrapAllRows	field 域总是会被放到下一行

表单布局属性设置的示例如图 2-15 所示。

属性	值
layoutName	formLayout
layoutLeftMargin	9
layoutTopMargin	9
layoutRightMargin	9
layoutBottomMar...	9
layoutHorizontalSp...	6
layoutVerticalSpacing	6
layoutFieldGrowthP...	AllNonFixedFieldsGrow
layoutRowWrapPoli...	DontWrapRows
layoutLabelAlignment	AlignLeft, AlignVCenter
layoutFormAlignment	AlignLeft, AlignTop
layoutSizeConstraint	SetDefaultConstraint

图 2-15　表单布局属性设置

③ 常用函数

- void QFormLayout::addRow(QWidget *label, QWidget *field)

在当前表单布局的下面，用所给的 label 字段和 field 字段添加新的一行。此函数有很多重载函数，在此不一一介绍，感兴趣的读者可在 Qt Assistant 中查询。

- void QFormLayout::setWidget(int row, ItemRole role, QWidget *widget)

在 row 行 role 角色的位置放入一个控件，若此位置已经有控件，则会失败。role 表示占据该行的是 label 域还是 field 域，或者是两个域都占据。

- QWidget *QFormLayout::labelForField(QWidget *field) const

返回 field 域内控件对应的 label 域内的控件。

- int QFormLayout::rowCount() const

返回行数。

- void QFormLayout::setSpacing(int spacing)

设置水平和垂直方向的间距。

④ 项目实例

下面通过一个具体的实例来介绍表单布局管理器的使用，项目位置为 code/ch02/FormLayout。同样使用构建向导创建一个 Qt 窗口应用项目，将基类改为 QWidget，项目名设为 FormLayout。

双击 widget.ui 文件，转到设计模式。向窗口内拖入控件，并修改控件的对象名，如图 2-16 所示。

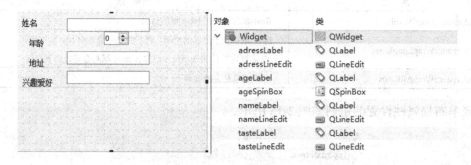

图 2-16　界面编辑

此时我们选中主窗口，单击图标就可以将窗口的布局设置为表单布局，Qt Designer 会自动将控件分为 label 域和 field 域。

为了熟悉 QFormLayout 的一些函数，下面我们使用代码手动地设置布局，将 widget.cpp 中的构造函数改写为如下代码：

```
Widget::Widget(QWidget *parent) :
    QWidget(parent),
    ui(new Ui::Widget)
{
    ui->setupUi(this);
```

```
        QFormLayout *fLayout = new QFormLayout();
        fLayout->addRow(ui->nameLabel, ui->nameLineEdit);
        fLayout->addRow(ui->ageLabel, ui->ageSpinBox);
        fLayout->addRow(ui->adressLabel, ui->adressLineEdit);
        fLayout->addRow(ui->tasteLabel, ui->tasteLineEdit);

        setLayout(fLayout);
    }
```

运行程序，界面运行效果如图 2-17 所示。

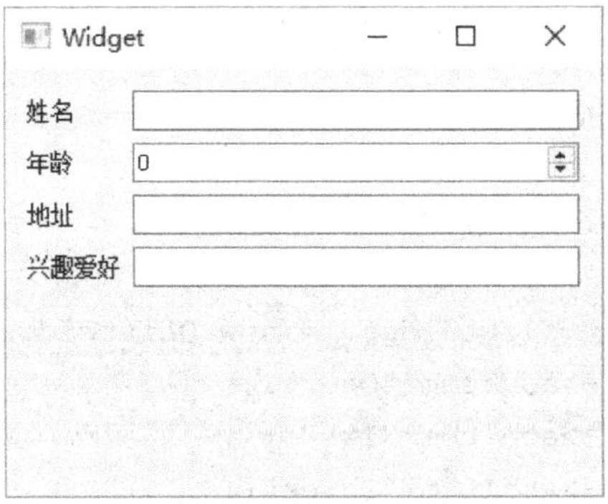

图 2-17 表单布局运行效果

（4）分组布局管理器 QStackedLayout 类

① 简介

分组布局管理器 QStackedLayout 类用于将子控件分成页，每个子控件为一页，同一时间只有一个子控件会显示。分组布局可以使一个控件在不同条件下显示不同的内容，使控件的功能更加强大。为了方便使用，Qt 中还有一个 QStackedWidget 类，此类是在 QStackedLayout 布局的基础上创建的。

② 属性设置选项

在 QStacked Layout 的属性选项中，一般对以下选项进行设置。

- count：布局中包含的子控件的数量。
- currentIndex：当前显示的界面号。
- stackingMode：子控件显示的方式，默认为 StackOne，即同一时间只有一个子控件显示。还可设为 StackAll，即所有的子控件都会被显示，并且按照顺序被覆盖。

③ 常用函数

- int QStackedLayout::addWidget(QWidget *widget)

添加一个子控件到布局中，返回子控件所在的位置。

- int QStackedLayout::currentIndex() const

返回当前显示的子控件的位置。

- QWidget *QStackedLayout::widget(int index) const

返回指定位置处的子控件。

④ 项目实例

下面通过一个具体的实例来介绍 QStackedLayout 的使用，项目位置为 code/ch02/StackLayout。同样使用构建向导创建一个 Qt 窗口应用项目，将基类改为 QWidget，项目名设为 StackedLayout。由于 Qt Designer 中没有 StackLayout 的设置选项，因此这里用代码的形式来使用 QStackedLayout，当然，也可以在 Qt Designer 中使用 QStackedWidget 来代替。将 widget.cpp 中的构造函数改写为如下代码：

```cpp
Widget::Widget(QWidget *parent) :
    QWidget(parent),
    ui(new Ui::Widget)
{
    ui->setupUi(this);

    QListWidget *listWidget = new QListWidget();
    listWidget->addItem("One");
    listWidget->addItem("Two");
    listWidget->addItem("Three");

    QWidget *widget1 = new QWidget();
    QWidget *widget2 = new QWidget();
    QWidget *widget3 = new QWidget();

    QLabel *label1 = new QLabel("LABEL ONE", widget1);
    QLabel *label2 = new QLabel("LABEL TWO", widget2);
    QLabel *label3 = new QLabel("LABEL THREE", widget3);

    QStackedLayout *sLayout = new QStackedLayout();
    sLayout->addWidget(widget1);
    sLayout->addWidget(widget2);
    sLayout->addWidget(widget3);

    QHBoxLayout *hLayout = new QHBoxLayout();
    hLayout->addWidget(listWidget);
    hLayout->addLayout(sLayout);

    setLayout(hLayout);

    QObject::connect(listWidget, &QListWidget::currentRowChanged,
sLayout, &QStackedLayout::setCurrentIndex);
}
```

运行程序后,界面运行效果如图 2-18 所示。此时,单击左侧的列表,右边的窗口会自动变换,代码的最后一句,用 connect()函数将 listWidget 对象的 rurrentRowChanged()信号和 sLayout 对象的 setCurrentIndex 槽连接了起来,使我们在单击相应的选项时,sLayout 会显示对应的子控件。信号和槽的相关知识将在下节介绍,这里只需了解即可。

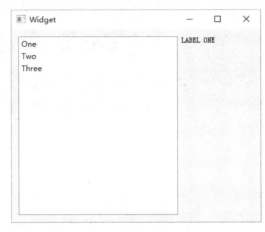

图 2-18 分组布局运行效果

3. 使用 Qt Designer 设计基本计算器界面

在实训一中,已经完成了一个简单的加法器,接下来,我们要完成一个基本的计算器,不只是加法,基本的四则运算都要支持。首先,计算器应有 10 个数字键;其次,还应有符号键和小数点键,有 4 个运算符号,以及求值、归零、删除键;之后,最上方应用 1 个显示条来显示结果。下面,我们用 Qt Designer 来设计这个计算器的界面。

先建立一个 Qt 窗口应用项目,之后双击 widget.ui,转到设计模式,先向窗口内拖入 19 个按钮,修改按钮上的文本,如图 2-19 所示。

然后,使用 QLineEdit 作为显示条显示计算结果,如图 2-20 所示,但按钮和显示条的摆放不整齐。

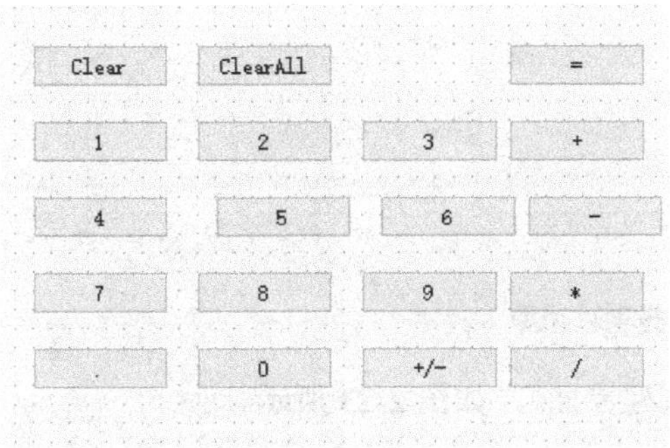

图 2-19 拖入按钮并修改文本 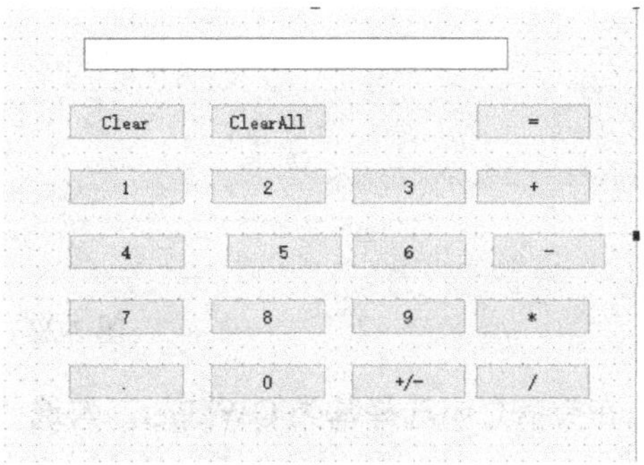   图 2-20 无布局界面

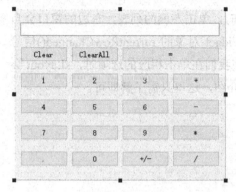

4. 使用布局管理器管理计算器界面

选中主窗口，然后单击设计界面上的栅格布局按钮▦，或者按"Ctrl + G"快捷键，界面上的按钮就会被对齐显示，如图 2-21 所示。

5. 实现计算器 V2.0：基本计算器

计算器 V2.0：基本计算器的实现，项目位置为 code/ch02/calculator，详见实训步骤。

图 2-21 使用栅格布局

（三）实训步骤

1. 界面设计

运行 Qt Creator，依次单击 Qt Creator 菜单中"文件—新建文件或项目(N)…"，在新建项目中依次选择"Application""Qt Widgets Application"。单击按钮"Choose…"后，输入项目名称 calculator，并选择合适的路径，如图 2-22 所示。

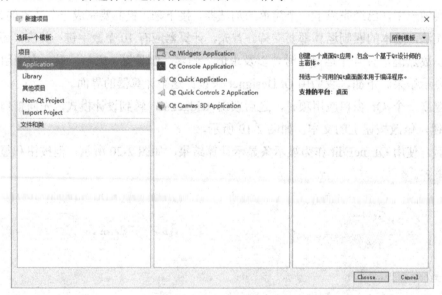

图 2-22 选择项目类型

在类信息中选择基类 QWidget，勾选"创建界面"，如图 2-23 所示。

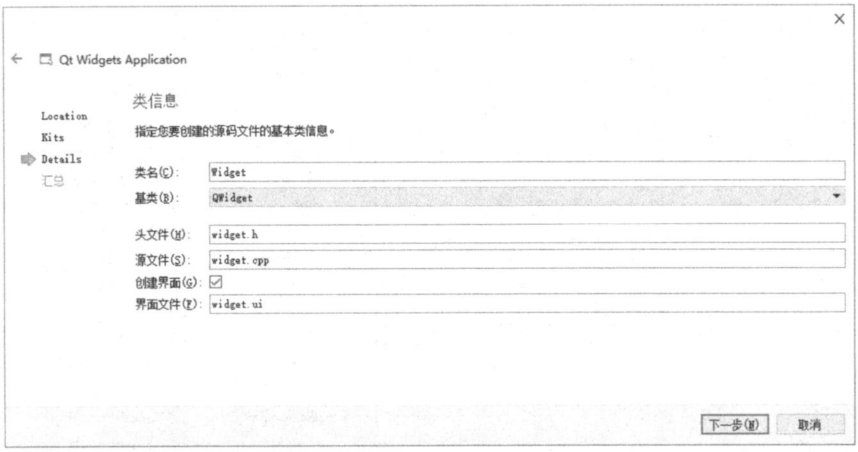

实训二　计算器 V2.0：基本计算器的实现

图 2-23　选择窗口基类

完成项目创建后，双击 widget.ui，进入设计模式，如图 2-24 所示。然后向界面中拖入 19 个 QPushButton 控件和 1 个 QlineEdit 控件，修改每个按钮上的文本，如图 2-25 所示。然后，使用"Ctrl+G"快捷键，设置栅格布局，对窗口进行布局管理（可以调节按钮所占的单元数）。

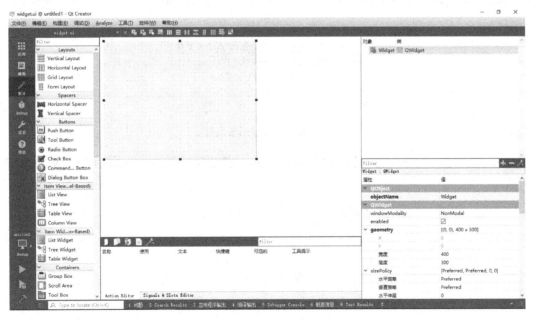

图 2-24　进入设计模式

下面修改部分控件的 objectName 属性。将数字按钮设置为 digitBtn 加上其表示的数字，如 digitBtn1，digitBtn2；将运算符号按钮按照加、减、乘、除分别命名为 addBtn、subtractionBtn、multiplicationBtn、divisionBtn；将 Clear 和 ClearAll 按钮设置为 clearBtn 和 clearAllBtn；将"="按钮设置为 equalBtn；将小数点按钮设置为 pointBtn；将符号按钮设置为 signBtn。每个控件的名字如图 2-25 所示。

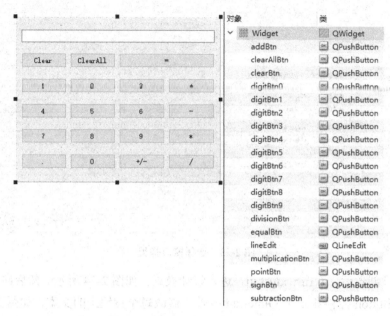

图 2-25　拖入按钮和输出框并编辑

选中 lineEdit，将 alignment 水平的属性设置为 AlignRight，选中 readOnly，如图 2-26 所示。

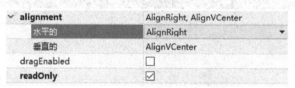

图 2-26　设置显示条属性

选中主窗口，将 windowTitle 改为 Calculator，然后运行程序，界面运行效果如图 2-27 所示。

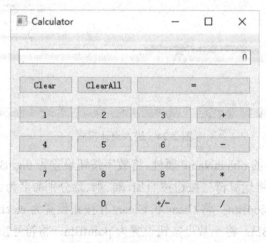

图 2-27　计算器 V2.0 界面

2. 功能实现

首先，在 widget.h 中添加私有成员和私有函数，代码如下：

```cpp
private:
    bool calculate(double operand, QString pendingOperator);
    //终止运算，清除数据，报错
    void abortOperation();
    //连接信号和槽
    void connectSlots();

    //储存运算符
    QString pendingOperator;
    //储存运算结果
    double result;
    //标记是否等待一个操作数
    bool waitForOperand;
```

然后，在 widget.cpp 中添加函数的实现，应先在 widget.cpp 的开头添加头文件 <QMessageBox>，代码如下：

```cpp
bool Widget::calculate(double operand, QString pendingOperator)
{
    if(pendingOperator == "+")
    {
        result += operand;
    }
    else if(pendingOperator == "-")
    {
        result -= operand;
    }
    else if(pendingOperator == "*")
    {
        result *= operand;
    }
    else if(pendingOperator == "/")
    {
        if(operand == 0.0)
            return false;
        result /= operand;
    }
```

```cpp
        return true;
    }

    void Widget::abortOperation()
    {
        result = 0.0;
        pendingOperator.clear();
        ui->lineEdit->setText("0");
        waitForOperand = true;
        QMessageBox::warning(this, "运算错误", "除数不能为零");
    }
    void Widget::connectSlots()
    {
        QPushButton *digitBtns[10] = {
          ui->digitBtn0,  ui->digitBtn1,  ui->digitBtn2,  ui->digitBtn3,
          ui->digitBtn4,  ui->digitBtn5,  ui->digitBtn6,  ui->digitBtn7,
          ui->digitBtn8,  ui->digitBtn9
        };
        for (auto btn : digitBtns)
            connect(btn, &QPushButton::clicked, this, &Widget::digitClicked);
        QPushButton *operatorBtns[4] = {
          ui->addBtn,ui->subtractionBtn,ui->multiplicationBtn,ui->divisionBtn,
        };
        for (auto btn : operatorBtns)
            connect(btn, &QPushButton::clicked, this, &Widget::operatorClicked);
    }
```

在 widget.h 中添加几个槽函数，代码如下：

```cpp
    private slots:
        void on_clearBtn_clicked();
        void on_clearAllBtn_clicked();
        void on_equalBtn_clicked();
        void digitClicked();
        void on_signBtn_clicked();
        void operatorClicked();
        void on_pointBtn_clicked();
```

在 widget.cpp 中添加槽函数的实现，代码如下：

```cpp
    void Widget::digitClicked()
```

```cpp
{
    QPushButton *digitBtn = static_cast<QPushButton*>(sender());
    QString value = digitBtn->text();
    if(ui->lineEdit->text() == "0" && value == "0")
        return;
    if(waitForOperand)
    {
        ui->lineEdit->setText(value);
        waitForOperand = false;
    }
    else
    {
        ui->lineEdit->setText(ui->lineEdit->text() + value);
    }
}

void Widget::on_clearBtn_clicked()
{
    //将当前显示的数归零
    ui->lineEdit->setText("0");
    waitForOperand = true;
}

void Widget::on_clearAllBtn_clicked()
{
    //将当前显示的数据归零,并将之前保存的数据运算清除
    ui->lineEdit->setText("0");
    waitForOperand = true;
    result = 0.0;
    pendingOperator.clear();
}

void Widget::on_equalBtn_clicked()
{
    double operand = ui->lineEdit->text().toDouble();
    if(pendingOperator.isEmpty())
        return;
    if(!calculate(operand, pendingOperator))
    {
        abortOperation();
        return;
```

```cpp
    }
    ui->lineEdit->setText(QString::number(result));
    pendingOperator.clear();
    result = 0.0;
    waitForOperand = true;
}

void Widget::on_signBtn_clicked()
{
    QString text = ui->lineEdit->text();
    double value = text.toDouble();
    if(value > 0)
    {
        text.prepend('-');
    }
    else if(value < 0)
    {
        text.remove(0, 1);
    }
    ui->lineEdit->setText(text);
}

void Widget::operatorClicked()
{
    QPushButton *clickedBtn = qobject_cast<QPushButton *>(sender());
    QString clickedOperator = clickedBtn->text();
    double operand = ui->lineEdit->text().toDouble();
    if(!pendingOperator.isEmpty())
    {
        if(!calculate(operand, pendingOperator))
        {
            abortOperation();
            return;
        }
        ui->lineEdit->setText(QString::number(result));
    }
    else
    {
        result = operand;
    }
    pendingOperator = clickedOperator;
```

```cpp
        waitForOperand = true;
}

void Widget::on_pointBtn_clicked()
{
    if (waitForOperand)
        ui->lineEdit->setText("0");
    if (!ui->lineEdit->text().contains('.'))
        ui->lineEdit->setText(ui->lineEdit->text() + ".");
    waitForOperand = false;
}
```

最后，链接信号和槽，在 Widget 类的构造函数中添加如下代码：

```cpp
Widget::Widget(QWidget *parent) :
    QWidget(parent),
    ui(new Ui::Widget)
{
    ui->setupUi(this);
    ui->lineEdit->setText("0");
    result = 0.0;
    waitForOperand = true;

    connectSlots();
}
```

3. 运行程序

编译、运行程序，界面运行效果如图 2-28 所示。

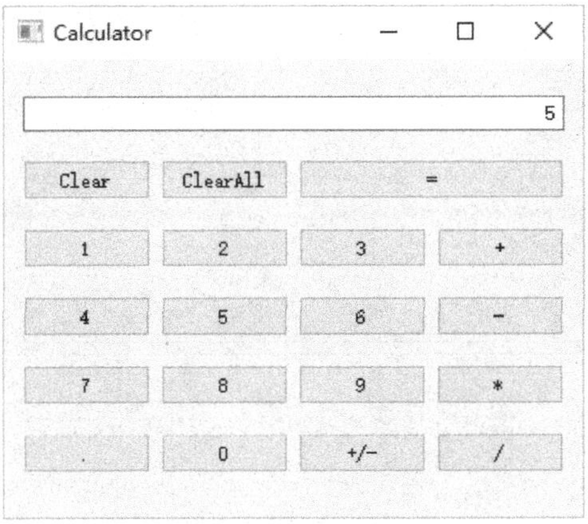

图 2-28 计算器 V2.0 运行效果

(四）小结

本次实训中，我们使用 Qt 完成了一个基本计算器，基本计算器和常见的计算器看上去差不多，回顾一下我们是怎样做一个窗口应用的。首先，设想程序的外观，然后用 Qt Designer 将界面的外观设计出来；接着，再思考应用内部的逻辑，用 C++代码将应用的内部逻辑实现。Qt 中使用信号和槽的机制将鼠标事件和程序的处理函数连接起来，在下一个实训中，我们将对其进行介绍。

> **小技巧**
>
> Qt Creator 具有代码自动补全功能。当输入一个关键字时，只需要输入其前几个字母，Qt Creator 就会弹出相关的关键字选择列表；输入完一个对象，然后输入点（"."）以后，Qt Creator 就会弹出该对象所有可用的变量和函数；当输入一个比较长的函数或变量名时，可以通过其中的几个字母来定位，例如，输入 ui->lineEdit，只需输入 ui.le（lineEdit 首字母 l 和 e）即可，这样可以大大缩减提示列表。当定位到需要的函数后，直接按回车键即可完成输入。

实训三

计算器 V3.0：带键盘事件的计算器

（一）实训内容

1. Qt 中信号和槽的概念
2. Qt 中信号和槽的使用
3. Qt 中的鼠标事件
4. Qt 中的键盘事件
5. 为计算器增加键盘事件功能

（二）实训原理

1. Qt 中信号和槽的概念

在实训二中，我们已经多次提到了 Qt 的信号和槽，到底什么是信号和槽呢？简单来说，信号和槽是 Qt 中对象通信的一种方式，它代替了传统 GUI 编程中使用回调函数来传递信息的机制。例如，我们希望用户单击按钮之后，程序能够接收这个消息然后调用我们之前写好的处理函数。接触过其他 GUI 库的读者可能知道，我们一般将处理函数传到按钮控件对象中去，这样用户在单击按钮之后，按钮控件对象就会调用我们传进去的函数。这种将一个函数传递进去，然后在将来的某个时刻调用的方式就称为回调。

而在 Qt 中，我们同样需要编写一个处理函数，但是不用将这个函数传递进去，只需要将按钮的单击信号和我们的处理函数连接起来就可以了。相对于传统的回调，Qt 信号和槽的机制功能更强大，使用起来也更方便，不过也带来了效率上的损耗，这里不对其进行过多比较，感兴趣的读者可以自行查询相关资料。

槽，是指我们编写的处理函数，槽函数一般须用 slots 关键字修饰；信号同样是一个函数，不过是一个比较特殊的函数，在我们自定义信号函数的时候，需要用 signal 关键字修饰，然后完成函数声明（返回值必须为 void），信号函数的实现是由 Qt 自动完成的，我们不需要编写函数的实现，否则会出错。当我们调用信号函数时，被连接的槽函数也会被执行。Qt 的信号和槽是 Qt 对象（QObject 子类，且在声明中添加 Q_OBJECT 宏）间通信的一种机制，而信号和槽则只是两个比较特殊的函数而已。

2. Qt 中信号和槽的使用

了解了 Qt 中信号和槽的基本概念之后，下面将具体介绍 Qt 中信号和槽的使用。使用 Qt Designer 进行信号和槽的连接操作的步骤如下，项目位置为 code/ch03/connectUI。

首先打开 Qt Creator，新建 Qt Widgets Application，项目名称设置为 connectUI，在类信息界面保持基类为 QWidget，类名为 Widget，勾选"创建界面"，这样将会生成一个主窗口界面。完成项目创建后，项目文件列表如图 3-1 所示。

双击 widget.ui 文件，进入设计模式，从左侧控件 DisplayWidgets 列表中向界面上拖入一个 Label，从左侧控件 InputWidgets 列表中向界面上拖入一个 horizontalScrollBar，如图 3-2 所示。

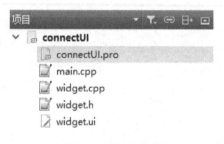

图 3-1　项目文件列表

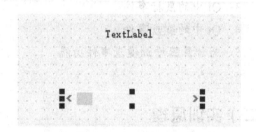

图 3-2　拖入两个控件后的界面

为了实现拖动 HorizontalScrollBar 的滚动条可以在 Label 上显示相应的数字，我们需要设置信号和槽的关联。单击设计模式上方的 ![] 图标，或者按下"F4"键，便进入了信号和槽的编辑模式。按住鼠标左键，从 horizontalScrollBar 向上拖向 Label，如图 3-3 所示。

松开鼠标后，会弹出配置连接对话框，这里选择 horizontalScrollBar 的 valueChanged(int)信号和 Label 的 setNum(int)槽并单击 OK 按钮，如图 3-4 所示。

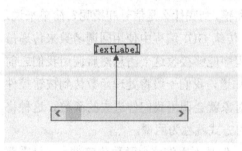

图 3-3　设置信号和槽的关联

设置好信号和槽的关联后，界面如图 3-5 所示。

完成后，单击 ![] 图标或者按"F3"键返回控件编辑模式。

经过上述步骤操作后，按"Ctrl+R"快捷键运行程序，当拖动 horizontalScrollBar 上的滚动条时，相应的数字会显示在 Label 上，程序运行结果如图 3-6 所示。

实训三 计算器 V3.0：带键盘事件的计算器

图 3-4 信号和槽的配置连接对话框

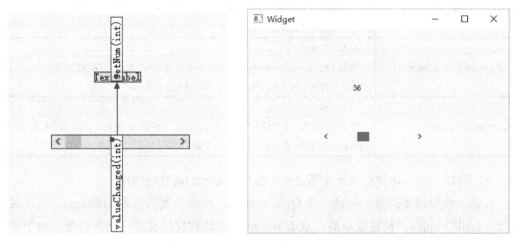

图 3-5 设置信号和槽的关联后的界面　　图 3-6 信号和槽的关联程序运行结果

信号和槽的关联主要使用 QObject 类中的 connect()函数，其函数原型如下：

```
[static] QMetaObject::Connection QObject::connect(const QObject *sender,
                            PointerToMemberFunction signal,
                            const QObject *receiver,
                            PointerToMemberFunction method,
               Qt::ConnectType type = Qt::AutoConnection)
```

其中，第 1 个参数为发射信号的对象，第 2 个参数为要发射的信号函数指针，第 3 个参数为接收信号的对象，第 4 个参数为槽函数的函数指针，最后一个参数为连接类型，默认为 AutoConnection，其值决定了关联的方式，还可以选择其他取值，如表 3-1 所示，一般使用默认值即可。该函数的返回值为 QMetaObject::Connection 类型，该返回值可以用于

QObject::disconnect(const QMetaObject::Connection &connection)来断开关联。注意，在调用 connect()函数时，必须确保信号函数的参数类型和槽函数的参数类型对应（否则编译会出错），槽函数的参数可以比信号函数的参数少，但反之不行，信号函数如果有多余的参数，将会被忽略。当然，此函数还有很多的重载形式，包括了 Qt4 之前的一些关联形式，感兴趣的读者可以自行查阅帮助文档。

表 3-1 信号和槽关联类型表

常量	描述
Qt::AutoConnection	自动关联，默认值 如果 receiver 存在于发射信号的线程，则使用 Qt::DirectConnect；否则，使用 Qt::QUeuedConnection。在信号被发射时决定使用哪种类型
Qt::DirectConnection	直接关联 发射信号后立即调用槽，只有槽执行完返回后，发射信号后面的代码才可以执行
Qt::QueuedConnection	队列关联 当控制返回 receiver 所在的线程的事件控制循环后再执行槽，无论槽执行与否，发射信号后面的代码都会立即执行
Qt::BlockingQueuedConnection	阻塞队列关联 类似 Qt::QueuedConnection，不过，信号线程会一直阻塞，直到槽返回。当 receiver 存在于信号线程时不能使用该类型，不然线程会锁死
Qt::UniqueConnection	唯一关联 这是一个标志，可以结合其他几种连接类型，使用按位或操作。这时两个对象间的信号和槽只能有唯一的关联，使用这个标志主要为了防止重复关联

下面通过一个具体的实例来介绍信号和槽的 connect()函数的使用。

首先，使用构建向导，构建一个 Qt 窗口应用，将窗口基类改为 QWidget，将项目名改为 SignalExample，构建成功后，双击 widget.ui，转到设计模式，向窗口拖入两个控件如图 3-7 所示。

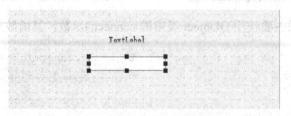

图 3-7 拖入两个控件后的界面

然后修改 widget.cpp 的构造函数，在最后添加一行代码，使用的正是 connect()函数，代码如下：

```
Widget::Widget(QWidget *parent) :
    QWidget(parent),
    ui(new Ui::Widget)
```

```
    {
        ui->setupUi(this);
        connect(ui->lineEdit, &QLineEdit::textChanged, ui->label, &QLabel::setText);
    }
```

函数连接的是 lineEdit 对象的 textChanged()信号，参数是一个 QString 类型的字符串，值为当前输入框内的字符串。Qt 的控件类中都有一些已经定义的信号以方便使用，可以通过 Qt 的帮助文档查看 Qt 类的信号。如果原有类的信号不能满足要求，可以继承该类，然后添加自己的信号。

最后一行代码的意思是，textChanged()信号会在输入框中的内容改变时发出，此时会调用 label 对象的 setText()函数，参数值为输入框内容的字符串。

运行程序，在输入框内输入内容"hello Qt"，观察上面标签的变化，如图 3-8 所示。

图 3-8　信号于槽示例运行效果

实际上，信号和槽之间的连接还可以更加复杂，如多个信号连接到同一个槽，下面再来看一个例子，项目位置为 code/ch03/MulSignalExample。

使用构建向导创建项目，项目类型为 Qt Widget 类型，窗口基类选为 QWidget，其他默认即可。创建成功后，双击 widget.ui 文件，转到设计模式，向窗口上拖入多个标签和行输入框，如图 3-9 所示。

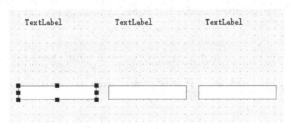

图 3-9　拖入多个标签和行输入框后的界面

然后打开 widget.cpp 文件，修改其中 Widget 类的构造函数如下：

```
QLineEdit *si[] = {ui->lineEdit, ui->lineEdit_2, ui->lineEdit_3};
QLabel *sl[] = {ui->label, ui->label_2, ui->label_3};
for (int i = 0; i < 3; i++)
{
    for (int j = 0; j < 3; j++)
    {
        connect(si[i], &QLineEdit::textChanged, sl[j], &QLabel::setText);
    }
}
```

这里使用了两个 for 循环，将每个输入框的 textChanged()信号和每个标签的 setText()函数连接起来，这样，当我们每个输入框中的内容变化时，3 个标签都会改变，运行程序，观察标签的变化，如图 3-10 所示。

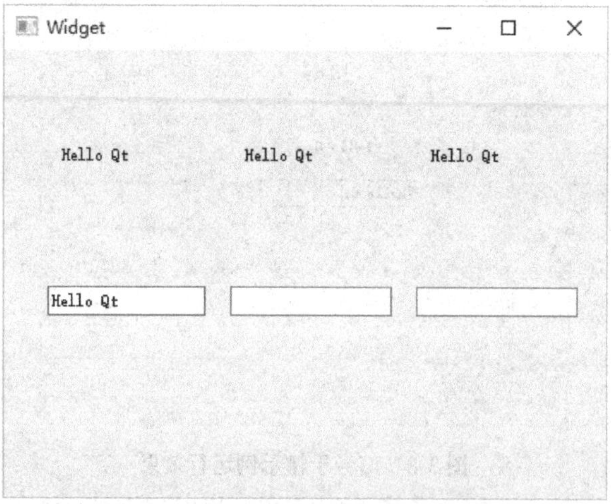

图 3-10 多信号和槽实例运行效果

当多个对象的信号连接到同一个槽函数时（如多个按钮可能会连接到一个函数 onClick()），就需要判断到底是哪个对象发出了这个信号。当某一个对象发出一个信号时，它就是一个 sender，系统会记录下当前是谁发出这个信号，根据 sender 的不同来进行不同的处理。QObject::sender()是返回发送信号的对象的指针，返回类型为 QObject *，示例代码如下：

```
QPushButton *Btn = static_cast<QPushButton*>(sender());//返回发射者 Btn
```

此时就可以对 Btn 进行进一步的处理了。在一个槽中，调用 sender()函数，返回的就是信号来源的对象。

根据实训二中的计算器 V2.0 的实现代码，简化修改后，可以实现多个信号连接到同一个槽，项目位置为 code/ch03/MulSignalExample2。

实训三 计算器 V3.0：带键盘事件的计算器

```cpp
void Widget::connectSlots()
{
    QPushButton *digitBtns[10] = {
        ui->digitBtn0, ui->digitBtn1, ui->digitBtn2, ui->digitBtn3,
        ui->digitBtn4, ui->digitBtn5, ui->digitBtn6, ui->digitBtn7,
        ui->digitBtn8, ui->digitBtn9
    };
    for (auto btn : digitBtns)
        //10 个数字按钮，每个按钮是一个信号，都连接到同一个槽函数 digitClicked
        connect(btn, &QPushButton::clicked, this, &Widget::digitClicked);
}

void Widget::digitClicked()
{
    //通过 sender()函数判断是哪个按钮发出的信号
    QPushButton *digitBtn = static_cast<QPushButton*>(sender());
    QString value = digitBtn->text();

    //qDebug()<<value;  //打印
    ui->lineEdit->setText(ui->lineEdit->text() + value);
}

void Widget::on_pointBtn_clicked()
{
    ui->lineEdit->setText(ui->lineEdit->text() + ".");
}

void Widget::on_clearBtn_clicked()
{
    //清除数据
    ui->lineEdit->setText("");
}
```

MulSignalExample2 项目中，digitBtns 数组中有 10 个数字按钮，都连接到同一个槽函数 digitClicked()，在槽函数 digitClicked()中，通过 sender()返回是哪个数字按钮发出的信号，并将发出信号的按钮对象保存到 digitBtn 中，通过 text()得到按钮上的数字，进而将鼠标按下的按钮上的数字通过 setText(ui->lineEdit->text() + value)显示在 lineEdit 中。程序运行效果如图 3-11 所示。

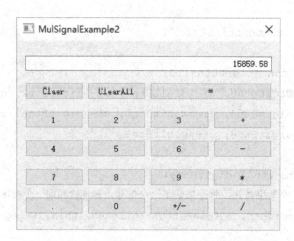

图 3-11　多个信号连接同一个槽获取发射信的对象

现在，再来看实训二中的 connectSlots()函数，应该就能明白如何将用户的单击操作和处理函数绑定起来，使用的就是信号和槽的关联。其实 Qt 的信号和槽除了上面的这种关联方式，还有一种关联方式，即信号和槽的自动关联。例如，在实训二中，我们编写了 on_clearBtn_clicked()函数，但并没有使用 connect()函数将 clearbtn 对象的 clicked()信号和窗口对象的 on_clearBtn_clicked()函数关联起来，为什么单击 clear 按钮后，on_clearBtn_clicked()函数同样执行了呢？原因就是使用了自动关联的方式。看到 on_clearBtn_clicked()的函数名，读者应该就可以猜到，自动关联对槽函数的函数名有一定的要求，因为它要靠此来进行自动关联。下面给出实现自动关联的函数：

```
[static] void QMetaObject::connectSlotsByName(QObject *object)
```

此函数的参数是一个 Qt 对象，此函数会寻找所有该对象的子对象，然后将子对象的信号和此对象的槽函数进行匹配，匹配的规则是如果槽函数的函数名等于"on_<子对象 objectName 属性值>_<信号函数名>"并且参数返回值也一样，那么该函数就会将这对信号和槽自动关联。

这里需要介绍一下对象的 objectName 和指向对象指针的变量名的区别，二者并没有任何关系，对象的 objectName 是对象的一个属性，需要调用对象的 setObjectName()函数来设置，而指向对象指针的变量名则是在定义时确定的，与对象的 ObjectName 无关。但是我们在代码中并没有调用该函数，那么是哪里调用了呢？答案是在 Widget 类的构造函数的第一行 ui->setupUI(this)，以及在 Ui::Widget 类的 setupUI 中调用了 connectSlotsByName()函数。这个 setupUI()函数是由 Qt Creator 根据 widget.ui 文件自动生成的，我们不必了解其内部原理，感兴趣的读者可以选中 widget.cpp 顶端的 ui_widget.h，然后按"F2"键转到 ui_widget.h 文件，就可以看到 setupUI()函数的定义了。

3. Qt 中的鼠标事件

事件是对各种应用程序需要知道的由应用程序内部或者外部产生的事情或动作的统

实训三 计算器 V3.0：带键盘事件的计算器

称。Qt 中用一个对象来表示一个事件，继承自 QEvent 类。事件一般在古老的界面编程库中（如 mfc 中），一般都需要我们自己编写程序处理，以便对用户的操作进行响应。不过在 Qt 中，因为有了信号和槽的机制，我们通过信号就可以获取用户操作的信息，所以事件一般不需要我们去关心和处理，Qt 中的类会默认处理传递给该类的事件，然后根据事件发射相应的信号。如果有时候 Qt 提供的信号函数不能达到我们的要求，或者我们想要获取一些更底层的信息，就需要自己去处理事件了。本节只简单介绍 Qt 中事件的处理，关于 Qt 中事件更多的信息可以查询帮助文档进行了解。如果想自己处理事件，一般需要重新实现控件的 paintEvent()、mousePressEvent()等事件处理函数。事件的传递机制是，事件一般被传递给焦点控件，如果焦点控件忽略该事件，那么该事件会被传递给父控件处理。

QMouseEvent 类用来表示鼠标事件，在窗口中按下、松开和移动鼠标都会产生鼠标事件。利用 QMouseEvent 类可以获取到鼠标是哪个键被按下，以及鼠标当前的位置等信息。QWheelEvent 类用来表示鼠标滚轮事件，主要用来获取滚轮滑动的方向和距离。为了处理鼠标事件，需要实现 5 个鼠标事件处理函数，分别如下：

```
void mousePressEvent(QMouseEvent *event);
void mouseReleaseEvent(QMouseEvent *event);
void mouseDoubleClickEvent(QMouseEvent *event);
void mouseMoveEvent(QMouseEvent *event);
void wheelEvent(QWheelEvent *event);
```

注意，以上函数在声明时要声明为 protected 类型。

下面通过一个具体实例来介绍鼠标事件的处理，项目位置为 code/ch03/MouseEventExample。

首先，用 Qt Creator 的构建向导构建一个 Qt 窗口应用项目，项目名称为 MouseEventExample，窗口基类选为 QWidget。接着双击 widget.ui，转到设计模式。向窗口中拖入两个 Label，并将它们的尺寸调大些，以便输入信息，如图 3-12 所示。

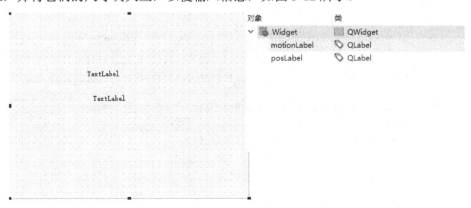

图 3-12　界面编辑

59

接着，在 widget.h 的顶端添加两个头文件：

```
#include <QMouseEvent>
#include <QWheelEvent>
```

之后在 Widget 类的声明中添加 5 个鼠标事件处理函数的声明，代码如下：

```
protected:
    void mousePressEvent(QMouseEvent *event);
    void mouseReleaseEvent(QMouseEvent *event);
    void mouseDoubleClickEvent(QMouseEvent *event);
    void mouseMoveEvent(QMouseEvent *event);
    void wheelEvent(QWheelEvent *event);
    //之后再在 widget.cpp 中添加这几个函数的实现
```

下面，在按下和松开鼠标，以及双击时，设置 motionLabel 的 text 内容，将信息显示，并且判断是左击还是右击，代码如下：

```
void Widget::mousePressEvent(QMouseEvent *event)
{
    if (event->button() == Qt::LeftButton)
    {
        ui->motionLabel->setText("left button press");
    }
    else
    {
        ui->motionLabel->setText("right button press");
    }
}

void Widget::mouseReleaseEvent(QMouseEvent *event)
{
    if (event->button() == Qt::LeftButton)
    {
        ui->motionLabel->setText("left button release");
    }
    else
    {
        ui->motionLabel->setText("right button release");
    }
}

void Widget::mouseDoubleClickEvent(QMouseEvent *event)
{
    if (event->button() == Qt::LeftButton)
    {
        ui->motionLabel->setText("left button double click");
    }
    else
```

```
        {
            ui->motionLabel->setText("right button double click");
        }
    }
```

设置在鼠标移动时,显示鼠标的坐标,代码如下:

```
    void Widget::mouseMoveEvent(QMouseEvent *event)
    {
        QPoint pos = event->globalPos();
        ui->posLabel->setText(QString("(%1,%2)").arg(pos.rx()).arg(pos.ry()));
    }
    void Widget::wheelEvent(QWheelEvent *event)
    {
        if (event->delta() > 0)
        {
            ui->motionLabel->setText("wheel up roll");
        }
        else
        {
            ui->motionLabel->setText("wheel down roll");
        }
    }
```

设置在鼠标滚轮滚动时,将鼠标滚动的信息显示出来,最后在 Widget 类的构造函数中加入一句:

```
    setMouseTracking(true);
```

需将鼠标轨迹跟踪开启,否则鼠标移动事件只会在鼠标按钮被按下时才产生。下面运行程序,程序运行效果如图 3-13 所示。

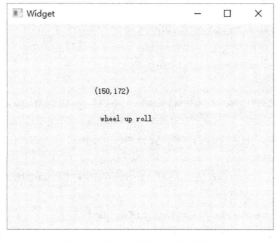

图 3-13 鼠标事件实例运行效果

4. Qt 中的键盘事件

QKeyEvent 类用来描述键盘事件。当键盘按键被按下或者被释放时,键盘事件便会被传递给拥有键盘输入焦点的控件。QKeyEvent 类的 key()函数可以用来获取具体的按键,其值为一个枚举值。所有按键的枚举值,可以在帮助文档中通过 Qt::Key 关键字查看。键盘上的一些修饰键(如 Ctrl、Shift 等),需要使用 QKeyEvent 的 modifiers()函数来获取,可以在帮助文档中搜索 Qt::KeyboardModifier 来查看。和处理鼠标事件一样,我们需要自己实现两个键盘事件处理函数,分别如下:

```
void keyPressEvent(QKeyEvent *event);
void keyReleaseEvent(QKeyEvent *event);
```

下面通过一个具体实例来介绍键盘事件的处理,项目位置为 code/ch03/KeyEvent Example。

首先,用 Qt 的构建向导构建一个 Qt 窗口应用项目,项目名称为 KeyEventExample,窗口的基类改为 QWidget。双击 widget.ui 文件,转到设计模式,然后拖入一个标签,更改其显示文本,如图 3-14 所示。

图 3-14 界面编辑

接着,在 widget.h 头文件的顶端,添加一行头文件#include<QKeyEvent>,之后在 Widget 类中添加键盘事件处理函数的声明,代码如下:

```
protected:
    void keyPressEvent(QKeyEvent *event);
    void keyReleaseEvent(QKeyEvent *event);
```

然后,在 widget.cpp 文件中,添加两个键盘处理事件函数的定义,代码如下:

```
void Widget::keyPressEvent(QKeyEvent *event)
{
    if (event->key() == Qt::Key_Up)
    {
        ui->label->move(ui->label->pos() + QPoint(0, -20));
    }
    else if (event->key() == Qt::Key_Down)
    {
        ui->label->move(ui->label->pos() + QPoint(0, 20));
    }
    else if (event->key() == Qt::Key_Left)
    {
        ui->label->move(ui->label->pos() + QPoint(-20, 0));
```

```
    }
    else if (event->key() == Qt::Key_Right)
    {
        ui->label->move(ui->label->pos() + QPoint(20, 0));
    }
}

void Widget::keyReleaseEvent(QKeyEvent *event)
{
    if (event->key() == Qt::Key_Up)
    {
        ui->label->move(ui->label->pos() + QPoint(0, 20));
    }
    else if (event->key() == Qt::Key_Down)
    {
        ui->label->move(ui->label->pos() + QPoint(0, -20));
    }
    else if (event->key() == Qt::Key_Left)
    {
        ui->label->move(ui->label->pos() + QPoint(20, 0));
    }
    else if (event->key() == Qt::Key_Right)
    {
        ui->label->move(ui->label->pos() + QPoint(-20, 0));
    }
}
```

在键盘事件的处理函数中,当按下上、下、左、右 4 个键时,标签将按方向移动,当松开时将标签返回原位。运行程序,程序运行效果如图 3-15 所示。

图 3-15 键盘示例运行效果

5. 为计算器增加键盘事件功能

在 Qt 中接收键盘事件有两种方法，一种是重写键盘事件函数，一种是利用 QShortcut 类。Qt 中按钮控件的 setShortcut()函数可以直接设置快捷键来接收键盘事件，本项目便是利用该函数来接收键盘事件。

首先，在 **widget.h** 保护成员中添加键盘按下事件函数，然后添加函数定义如下：

```cpp
void Widget::keyPressEvent(QKeyEvent *event)
{
    switch (event->key()) {
    case Qt::Key_0:
        emit ui->digitBtn0->clicked();
        break;
    case Qt::Key_1:
        emit ui->digitBtn1->clicked();
        break;
    case Qt::Key_2:
        emit ui->digitBtn2->clicked();
        break;
    case Qt::Key_3:
        emit ui->digitBtn3->clicked();
        break;
    case Qt::Key_4:
        emit ui->digitBtn4->clicked();
        break;
    case Qt::Key_5:
        emit ui->digitBtn5->clicked();
        break;
    case Qt::Key_6:
        emit ui->digitBtn6->clicked();
        break;
    case Qt::Key_7:
        emit ui->digitBtn7->clicked();
        break;
    case Qt::Key_8:
        emit ui->digitBtn8->clicked();
        break;
    case Qt::Key_9:
        emit ui->digitBtn9->clicked();
```

```cpp
            break;
        case Qt::Key_Plus:
            emit ui->addBtn->clicked();
            break;
        case Qt::Key_Minus:
            emit ui->subtractionBtn->clicked();
            break;
        case Qt::Key_Asterisk:
            emit ui->multiplicationBtn->clicked();
            break;
        case Qt::Key_Slash:
            emit ui->divisionBtn->clicked();
            break;
        case Qt::Key_Enter:
        case Qt::Key_Equal:
            emit ui->equalBtn->clicked();
            break;
        case Qt::Key_Period:
            emit ui->pointBtn->clicked();
            break;
        case Qt::Key_M:
            emit ui->signBtn->clicked();
            break;
        case Qt::Key_Backspace:
            if (event->modifiers() == Qt::ControlModifier)
            {
                emit ui->clearAllBtn->clicked();
            }
            else
            {
                emit ui->clearBtn->clicked();
            }
            break;
        default:
            break;
    }
}
```

本实例使用的是 QPushButton 类中的 setShortcut()函数，项目位置为 code/ch03/calculator，具体见实训步骤。

（三）实训步骤

打开实训二的项目，在 widget.h 私有成员中添加一个函数：

```
void setShortcutKeys();
```

接着，打开 widget.cpp 文件，添加 setShortcutKeys 函数的实现代码：

```cpp
void Widget::setShortcutKeys()
{
    Qt::Key key[18] = {
        Qt::Key_0,    Qt::Key_1,    Qt::Key_2,        Qt::Key_3,
        Qt::Key_4,    Qt::Key_5,    Qt::Key_6,        Qt::Key_7,
        Qt::Key_8,    Qt::Key_9,
        Qt::Key_Plus, Qt::Key_Minus, Qt::Key_Asterisk, Qt::Key_Slash,
        Qt::Key_Enter, Qt::Key_Period, Qt::Key_Backspace, Qt::Key_M
    };
    QPushButton *btn[18] = {
        ui->digitBtn0, ui->digitBtn1, ui->digitBtn2, ui->digitBtn3,
        ui->digitBtn4, ui->digitBtn5, ui->digitBtn6, ui->digitBtn7,
        ui->digitBtn8, ui->digitBtn9,
        ui->addBtn, ui->subtractionBtn, ui->multiplicationBtn, ui->divisionBtn,
        ui->equalBtn, ui->pointBtn, ui->clearBtn, ui->signBtn
    };
    for (int i = 0; i < 18; i++)
        btn[i]->setShortcut(QKeySequence(key[i]));
    ui->clearAllBtn->setShortcut(QKeySequence("Ctrl+Backspace"));
}
```

并在构造函数中调用该函数，代码如下：

```cpp
Widget::Widget(QWidget *parent) :
    QWidget(parent),
    ui(new Ui::Widget)
{
    initUi();

    result = 0.0;
```

```
    waitForOperand = true;
    connectSlots();
    setShortcutKeys();
}
```

最后，运行程序，检查是否可以使用键盘输入数据。

（四）小结

本次实训并不复杂，主要涉及很多新的知识，如 Qt 中的信号与槽，Qt 中的事件处理。其中，Qt 中的信号与槽尤为重要，可以说 Qt 的信号与槽是 Qt 的核心，所以必须掌握。Qt 中的事件处理，一般用到得比较少，毕竟一般来说信号和槽就足够满足我们的需求了，不过遇到其无法提供的信号时，或者我们需要比较底层的信息以使界面有更加细腻的效果时（如鼠标按下松开不同的色彩，鼠标键盘按键组合等不同的要求时），便需要与事件打交道了。

> **小技巧**
>
> 1. Qt Creator 主界面分为 6 个模式：欢迎模式、编辑模式、设计模式、Debug 调试模式、项目模式和帮助模式，分别由左侧的 6 个图标进行切换，对应的快捷键为"Ctrl + 数字 1~6"。
>
> 2. "F2"快捷键，用于在光标选中对象的声明和定义之间切换（和 Ctrl+鼠标左键效果一样，选中某一类或函数，按下"F2"键，能迅速定位到该类，或函数声明的地方，或函数被调用的地方）。
>
> 3. "F4"快捷键，用于在头文件和源文件之间切换。

实训四

计算器 V4.0：带括号表达式的计算器

（一）实训内容

1. qDebug()的使用
2. 栈
3. 前缀、中缀、后缀表达式
4. 将中缀表达式转换为后缀表达式的算法
5. 计算后缀表达式的算法
6. 实现带括号表达式的计算器

（二）实训原理

1. qDebug()的使用

qDebug()用于输出程序中的调试信息，它的用法有如下两种：

```
qDebug() << "Hello world!" << endl;
qDebug("Hello world!\n");
```

两种方式都会向调试信息数据流写入一行"Hello world!"。第一种是 C++的风格，第二种则是 C 的风格，两种方式也可以混用，是完全等价的。调试信息一般会立即显示，如果是控制台应用，则直接打印到控制台上；如果是窗口应用，则会在 Qt Creator 中的应用程序输出窗口打印输出。对于窗口应用来说，无法像控制台一样轻松输出调试信息，因此用 qDebug()函数输出调试信息就显得十分方便了，调试信息在我们调试程序时非常有用。

下面通过一个简单的实例来介绍 qDebug()的使用，项目位置为 code/ch04/QDebugExample。

实训四　计算器 V4.0：带括号表达式的计算器

首先，使用 Qt 构建向导构建一个 Qt 窗口应用，将项目名称改为 **QDebugExample**，窗口基类选择为 **QWidget**。然后在 main.cpp 里加入<QDebug>头文件，并修改 main 函数如下：

```cpp
int main(int argc, char *argv[])
{
    QApplication a(argc, argv);
    qDebug() << "before create widget";
    Widget w;
    qDebug() << "after create widget";
    w.show();

    qDebug() << "enter the event loop";
    return a.exec();
}
```

接着，打开 widget.cpp 文件，同样加入<QDebug>头文件，同时修改构造函数和析构函数如下：

```cpp
Widget::Widget(QWidget *parent) :
    QWidget(parent),
    ui(new Ui::Widget)
    {
        qDebug() << "before call setupUi" << endl;
        ui->setupUi(this);
        qDebug() << "after call setupUI" << endl;
    }

Widget::~Widget()
{
    qDebug() << "destory the widget";
    delete ui;
}
```

运行程序，然后关闭窗口，观察 **Qt Creator** 应用程序输出窗口里的信息，如图 4-1 所示。

```
before create widget
before call setupUi

after call setupUI

after create widget
enter the event loop
destory the widget
```

图 4-1　显示的调试信息

2. 栈

栈（stack）是在程序设计中经常用到的一种非常重要的数据结构，它是一种运算受限的线性表，其仅允许在表的一端进行插入和删除运算，这一段称为栈顶；相对地，另一端称为栈底。栈的特点便是先放入的内容总是后被拿出来，这个特性通常称为后进先出（LIFO）。栈这个数据结构定义了一些运算操作，两个最重要的是 push 和 pop。push 操作用于在栈的顶端加入一个元素；pop 操作相反，用于在栈的顶端移除一个元素，并将栈的大小减一。可能第一次了解栈的读者会对这样的一种数据结构感到疑惑，这样做有什么用呢？这是由问题决定的，在解决一些计算问题时刚好就需要这样的一种后进先出的数据结构，例如本次实训中的两个主要算法都要依赖于栈来实现。实际上，栈在计算机领域还有很多应用，感兴趣的读者可以自行查阅相关资料。

下面通过一个具体实例来介绍栈的使用，项目位置为 code/ch04/StackExample。

使用 Qt 的构建向导，构建一个简单的 C++控制台项目。首先，选择 Non-Qt Project 类型的 Plan C++ Application，将项目名修改为 StackExample。打开 main.cpp 文件，加入头文件<stack>，然后将 main 函数修改如下：

```cpp
int main()
{
    stack<int> s;
    for (int i = 0; i < 5; i++)
    {
        cout << "push " << i << " to stack;" << endl;
        s.push(i);
    }
    while (!s.empty())
    {
        int top = s.top(); s.pop();
        cout << "pop " << top << " from stack;" << endl;
    }
    return 0;
}
```

程序先将 0~4 压入栈中，然后再一个一个地弹出，进栈演示如图 4-2 所示，出栈演示如图 4-3 所示，运行程序结果如图 4-4 所示。

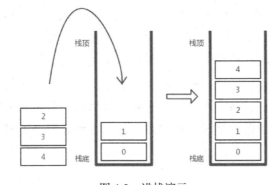

图 4-2 进栈演示

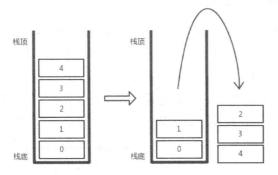

图 4-3 出栈演示

```
push 0 to stack;
push 1 to stack;
push 2 to stack;
push 3 to stack;
push 4 to stack;
pop 4 from stack;
pop 3 from stack;
pop 2 from stack;
pop 1 from stack;
pop 0 from stack;
```

图 4-4 运行程序进栈和出栈结果

3. 前缀、中缀、后缀表达式

前缀、中缀、后缀三种表达式从根本上是一种数学表达式。其中，中缀表达式是最先出现的用来表述数学四则运算的表达式。而前缀表达式和后缀表达式则和中缀表达式不同，其去除了运算优先级。

（1）中缀表达式

首先，中缀表达式大家都比较熟悉，例如 2×（3+4），这也是生活中最常用的表达式，不过由于中缀表达式的规则比较复杂，使计算机处理起来比较麻烦，所以计算器计算时，一般将其转换为前缀表达式或后缀表达式。

（2）前缀表达式

前缀表达式又称波兰式，其运算符位于操作数之前，如"+1 2"，用中缀表达式表示为"1＋2"。将中缀表达式"2×(3+4)"转换为前缀表达式则为"× 2 + 3 4"。中缀表达式的括号已经被去掉了，这样就将计算操作变简单了，计算机就可以只依靠出栈和进栈两种简单的操作完成前缀表达式的计算。计算机的求值方法为：从右到左扫描表达式，遇到数字时，将数字压入栈，遇到运算符时，弹出栈顶的两个数，用运算符对他们进行相应的计算，并将结果入栈；重复上述过程直到表达式最左端，最后运算得出的值即为表达式的结果。

（3）后缀表达式

后缀表达式又称逆波兰式，与前缀表达式相似，只是运算符位于操作符之后。例如

"1 2 +"，用中缀表达式表达为"1+2"，看上去只是将前缀表达式倒过来了而已，事实也确实如此，它和前缀表达式刚好对应，同样依靠出栈和进栈两种操作就可以完成后缀表达式的全部运算。计算机的求值方法也差不多：从左到右扫描表达式，遇到数字时，将数字压入栈，遇到运算符时，弹出栈顶的两个数，用运算符对它们进行相应的计算，并将结果入栈；重复上述过程直到表达式最右端，最后运算得出的值即为表达式的结果。因为后缀表达式拥有和前缀表达式一样的特点，并且计算顺序更符合习惯，故一般使用较多。

4. 将中缀表达式转换为后缀表达式的算法

因为计算机难以直接计算中缀表达式，因此一般将其转换为前缀或后缀表达式再来进行计算，下面介绍如何将中缀表达式转换为后缀表达式。由于后缀表达式是没有运算符优先级和括号的，所以必须判断运算符的优先级，然后按照运算顺序将运算符排列。

首先，创建一个代表后缀表达式的字符串和一个存储运算符的栈，然后从左到右扫描整个中缀表达式，如果扫描到数字则将数字添加到代表后缀表达式的字符串尾部，如果为运算符并且栈为空，将运算符压入栈中，如果栈不为空，比较栈顶元素和当前运算符的优先级，若当前运算符不大于栈顶元素的优先级，则将栈顶的运算符弹出加入后缀表达式的字符串中，并继续用当前运算符和栈顶运算符比较；否则将当前运算符也压入栈中。当中缀表达式扫描完，将栈中剩下的运算符依次弹出加入到后缀表达式的字符串尾部。

这便是将中缀表达式转换为后缀表达式的整个过程，忽略了其中一些细节的地方，以免烦琐。整个算法的核心便是利用栈来存储运算符，并且保持栈内运算符的优先级总是递增的，再利用栈后进先出的特性，恰好按照运算符的运算顺序将运算符添加到代表后缀表达式的字符串中。

使用C++实现以上算法的代码如下：

```cpp
std::string inToPost(std::string infix) throw(const char*)
{
    std::stack<char> stack;
    char current = 0;//读入的字符
    std::string postfix;//写入后缀表达式的字符串

    std::map<char,int> priority;//运算符号优先级表
    priority['+'] = 0;
    priority['-'] = 0;
    priority['*'] = 1;
    priority['/'] = 1;
    priority['^'] = 2;
```

实训四 计算器V4.0：带括号表达式的计算器

```cpp
            for(int i = 0; i < infix.length() ;++i)//逐个读取中缀表达式字符串中的字符
            {
                current =infix[i];
                if(isdigit(current))//如果是数字直接输出
                {
                    postfix.push_back(current);
                    continue;
                }
                switch(current)
                {
                case '+':
                case '-':
                case '*':
                case '/':
                case '^':
                    if(i > 0)//如果运算符的前一项不是右括号则说明前一个数字输入完毕，用#
标识前面几个字符组成一个数字
                    {
                        if (infix[i-1] != ')')
                            postfix.push_back('#');
                    }
                    else
                        postfix.push_back('#');
                    if(!stack.empty())//比较目前符号与栈顶符号优先级，低于则出栈，并输出
字符串
                    {
                        char tempTop=stack.top();
                        while(tempTop != '(' && priority[current]<=priority[tempTop])
                        {
                            stack.pop();
                            postfix.push_back(tempTop);
                            if(stack.empty())
                                break;
                            tempTop=stack.top();
                        }
                    }
                    stack.push(current);//符号全部出栈或者遇到了'('或者大于栈顶符号的
优先级，将新符号压入栈中
                    break;
```

```cpp
            case '.':
                postfix.push_back(current);
                break;
            case '%':
                postfix.push_back(current);
                break;
            case '(':
                stack.push(current);//左括号直接入栈
                break;
            case ')':
                postfix.push_back('#');//右括号说明前方数字输入完成，标识一下
                char tempTop;
                tempTop=stack.top();
                while(tempTop !='(')//直到栈顶元素是左括号才停止循环
                {
                    stack.pop();
                    postfix.push_back(tempTop);
                    tempTop=stack.top();
                }
                stack.pop();
                break;
            default:
                throw "expression has illegality character";
                break;
        }
    }
    if(infix[infix.size()-1] != ')')
    {
        if(isdigit(infix[infix.size()-1]))
            postfix.push_back('#');
        else
            throw "expression is illegality";
    }
    while(!stack.empty())
    {
        char tempOut=stack.top();
        stack.pop();
        postfix.push_back(tempOut);
    }
    return postfix;
}
```

该算法主要使用 C++ 的 STL 完成，使用时需添加<stack>，<map>，<string>三个头文件，在算法中还加入了"#"符号来间隔数字，方便阅读和处理。下面通过一个小程序测试一下算法，项目位置为 code/ch04/InfixToSufix。

使用 Qt 的构建向导，构建一个简单的 C++ 控制台项目。首先，选择 Non-Qt Project 类型的 Plan C++ Application，将项目命名为 InfixToSufix。然后，找到项目中之后一个 main.cpp 文件，里面有一个 main 函数，将算法函数的定义放到 main 函数前，添加算法所需的三个头文件，将 main 函数修改如下：

```
int main()
{
    string infix;
    cout << "please input a sufix expression:";
    cin >> infix;
    cout << "the suffix expression is :" << inToPost(infix);
    return 0;
}
```

最后，运行程序，输入一个中缀表达式（注意括号不要用中文的括号，否则会报错），程序运行效果如图 4-5 所示。

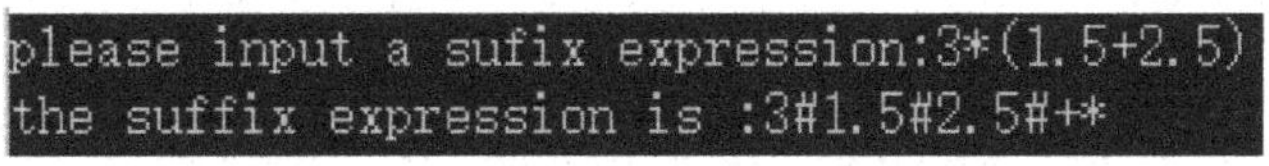

```
please input a sufix expression:3*(1.5+2.5)
the suffix expression is :3#1.5#2.5#+*
```

图 4-5　中缀表达式转换为后缀表达式

5. 计算后缀表达式的算法

前面已经介绍了将中缀表达式转换为后缀表达式的算法，接下来介绍如何计算后缀表达式。

前文中已经介绍的后缀表达式的计算方法如下：从左到右扫描整个后缀表达式，遇到一个数就压到栈里，遇到一个运算符就从栈里面弹出两个数按运算符计算结果，然后将结果再压入到栈里，扫描完成后，栈中剩下的就是计算结果。

本算法的具体实现代码如下：

```
double compute(std::string s) throw(const char*)
{
    std::stack<double> stack;

    std::string str;
    double curr;
```

```cpp
        double  temNum1;
        double  temNum2;
        for(std::string::iterator i = s.begin();i != s.end(); i++)
        {
            if(isdigit(*i))
            {
                str.push_back(*i);
                continue;
            }
            switch(*i)
            {
                case '+':
                    temNum1=stack.top();
                    stack.pop();
                    temNum2=stack.top();
                    stack.pop();
                    stack.push(temNum2 + temNum1);
                    break;
                case '-':
                    temNum1=stack.top();
                    stack.pop();
                    temNum2=stack.top();
                    stack.pop();
                    stack.push(temNum2 - temNum1);
                    break;
                case '*':
                    temNum1=stack.top();
                    stack.pop();
                    temNum2=stack.top();
                    stack.pop();
                    stack.push(temNum2 * temNum1);
                    break;
                case '/':
                    temNum1=stack.top();
                    stack.pop();
                    temNum2=stack.top();
                    stack.pop();
                    stack.push(temNum2 / temNum1);
```

```cpp
            break;
        case '^':
            temNum1=stack.top();
            stack.pop();
            temNum2=stack.top();
            stack.pop();
            stack.push(pow(temNum2, temNum1));
            break;
        case '.':
            str.push_back(*i);
            break;
        case '#':
            curr =std::atof(str.c_str());//字符串转换为浮点型
            str.clear();
            stack.push(curr);
            break;
        case '%':
            curr = stack.top();
            stack.pop();
            curr*=0.01;
            stack.push(curr);
            break;
        default:
            throw "expression has illegality character";
            break;
        }
    }
    curr=stack.top();
    return curr;
}
```

本算法刚好用来计算上一个算法产生的后缀表达式，其中用到了一个 C 语言的求次方函数 pow()，因此需要加上<cmath>头文件，同样需要<string>，<stack>这两个头文件。下面我们直接用上一个 InfixToSufix 项目来验证本算法，将本函数同样加入到 main()函数前，然后在 main 函数中添加如下代码，项目位置为 code/ch04/ InfixToPostfix。

```cpp
    cout << "the suffix expression result is :" << compute(inToPost(infix)) << endl;
```

运行程序，程序运行效果如图 4-6 所示。

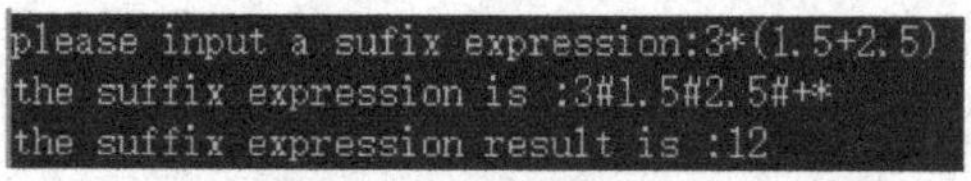

```
please input a sufix expression:3*(1.5+2.5)
the suffix expression is :3#1.5#2.5#+*
the suffix expression result is :12
```

图 4-6　后缀表达式计算

6. 实现带括号表达式的计算器

我们已经在命令行下实现了计算用户输入的复杂表达式，下面只需要将其套用到之前的 Qt 窗口应用中就可以了。项目位置为 code/ch04/calculator，详见实训步骤。

（三）实训步骤

打开实训三的项目（code/ch03/calculator），双击 widget.ui 文件，转到设计模式，先打破布局，再向界面中拖入 3 个新的按钮，修改内容，再重新布局，如图 4-7 所示。然后修改按钮的名称，将"("")""^"分别命名为 leftBracketBtn、rightBracketBtn、powBtn。

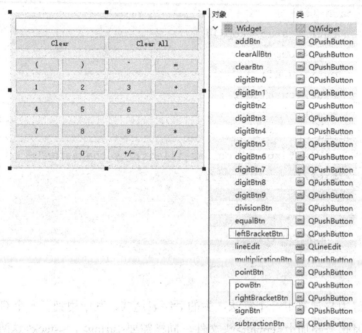

图 4-7　界面编辑

双击 widget.h 文件，将文件中的私有成员修改如下：

```
private:
    //将表达式转化为后缀表达式
    QString inToPost(QString infix) throw(const char*);
    //计算后缀表达式的结果
```

```
    double compute(QString s) throw(const char*);
    void abortOperation();

    Ui::Widget *ui;
    bool waitForOperand;
    QString error;
```

转到 widget.cpp 文件中,添加以下三个需要用到的头文件:

```
#include <map>
#include <stack>
#include <cmath>
```

然后修改 Widget 构造函数的内容,代码如下:

```
Widget::Widget(QWidget *parent) :
    QWidget(parent),
    ui(new Ui::Widget)
{
    initUi();
    waitForOperand = true;
    connectSlots();
    setShortcutKeys();
}
```

删除 calculate 的函数定义,将 abortOperation() 的函数定义修改如下:

```
void Widget::abortOperation()
{
    ui->lineEdit->setText("0");
    waitForOperand = true;
    QMessageBox::warning(this, "运算错误", error);
}
```

将 on_clearBtn_clicked() 的函数定义修改如下:

```
void Widget::on_clearBtn_clicked()
{
    //去掉末尾字符
    QString str = ui->lineEdit->text();
    if (str != "0")
    {
        ui->lineEdit->setText(str.left(str.count() - 1));
    }
```

将 digitClicked() 的函数定义修改如下：

```cpp
void Widget::digitClicked()
{
    QPushButton *digitBtn = static_cast<QPushButton*>(sender());
    QString value = digitBtn->text();
    if(ui->lineEdit->text() == "0" && value == "0")
        return;
    if(waitForOperand)
    {
        ui->lineEdit->setText(value);
        waitForOperand = false;
    }
    else
    {
        ui->lineEdit->setText(ui->lineEdit->text() + value);
    }
}
```

将 on_equalBtn_clicked() 的函数定义修改如下：

```cpp
void Widget::on_equalBtn_clicked()
{
    double result = 0.0;
    try
    {
        result = compute(inToPost(ui->lineEdit->text()));
    }
    catch(const char *er)
    {
        error = er;
        abortOperation();
        return;
    }
    ui->lineEdit->setText(ui->lineEdit->text() + '=' + QString::number(result));
    waitForOperand = true;
}
```

将 on_signBtn_clicked() 函数的实现修改如下：

```cpp
void Widget::on_signBtn_clicked()
{
    QString text = ui->lineEdit->text();
    QChar sign = text[text.size() - 1];
    if(sign == '-')
    {
        text.remove(text.size() - 1, 1);
    }
    else
    {
        text.append('-');
    }
    ui->lineEdit->setText(text);
}
```

将 operatorClicked() 函数的实现修改如下:

```cpp
void Widget::operatorClicked()
{
    QPushButton *clickedBtn = qobject_cast<QPushButton *>(sender());
    QString clickedOperator = clickedBtn->text();
    if (waitForOperand)
    {
        ui->lineEdit->setText(clickedOperator);
        waitForOperand = false;
    }
    else
        ui->lineEdit->setText(ui->lineEdit->text() + clickedOperator);
}
```

将 on_pointBtn_Clicked() 函数的实现修改如下:

```cpp
void Widget::on_pointBtn_Clicked()
{
    if (waitForOperand)
        ui->lineEdit->setText("0");
    ui->lineEdit->setText(ui->lineEdit->text() + ".");
    waitForOperand = false;
}
```

将 setShortCutKeys() 函数的实现修改如下:

```cpp
void Widget::setShortcutKeys()
{
    Qt::Key key[21] = {
        Qt::Key_0,   Qt::Key_1,   Qt::Key_2,   Qt::Key_3,
        Qt::Key_4,   Qt::Key_5,   Qt::Key_6,   Qt::Key_7,
        Qt::Key_8,   Qt::Key_9,
```

```cpp
        Qt::Key_Plus,     Qt::Key_Minus,    Qt::Key_Asterisk,    Qt::Key_Slash,
        Qt::Key_Enter,    Qt::Key_Period,   Qt::Key_Backspace,   Qt::Key_M,
        Qt::Key_ParenLeft,    Qt::Key_ParenRight,   Qt::Key_AsciiCircum
    };
    QPushButton *btn[21] = {
        ui->digitBtn0,          ui->digitBtn1,          ui->digitBtn2,
        ui->digitBtn3,          ui->digitBtn4,          ui->digitBtn5,
        ui->digitBtn6,          ui->digitBtn7,          ui->digitBtn8,
        ui->digitBtn9,          ui->addBtn,             ui->subtractionBtn,
        ui->multiplicationBtn,  ui->divisionBtn,        ui->equalBtn,
        ui->pointBtn,           ui->clearBtn,           ui->signBtn,
        ui->leftBracketBtn,     ui->rightBracketBtn,    ui->powBtn
    };
    for (int i = 0; i < 21; i++)
        btn[i]->setShortcut(QKeySequence(key[i]));
    ui->clearAllBtn->setShortcut(QKeySequence("Ctrl+Backspace"));
}
```

将 connectSlots() 函数的实现修改如下：

```cpp
    QPushButton *digitBtns[10] = {
        ui->digitBtn0,    ui->digitBtn1,  ui->digitBtn2,  ui->digitBtn3,
        ui->digitBtn4,    ui->digitBtn5,  ui->digitBtn6,  ui->digitBtn7,
        ui->digitBtn8,    ui->digitBtn9
    };
    for (auto btn : digitBtns)
        connect(btn, &QPushButton::clicked, this, &Widget::digitClicked);
    QPushButton *operatorBtns[7] = {
        ui->addBtn,         ui->subtractionBtn, ui->multiplicationBtn,
        ui->divisionBtn,    ui->leftBracketBtn, ui->rightBracketBtn,
        ui->powBtn
    };
    for (auto btn : operatorBtns)
        connect(btn, &QPushButton::clicked, this, &Widget::operatorClicked);
```

最后，再添加刚才在私有成员中声明的函数的实现。

```cpp
QString Widget::inToPost(QString infix) throw(const char*)
{
    std::stack<char> stack;
    char current = 0;//读入的字符
    QString postfix;//写入后缀表达式的字符串
```

实训四 计算器V4.0：带括号表达式的计算器

```cpp
            std::map<char,int> priority;//运算符号优先级表
        priority['+'] = 0;
        priority['-'] = 0;
        priority['*'] = 1;
        priority['/'] = 1;
        priority['^'] = 2;

        for(int i = 0; i < infix.length() ;++i)//逐个读取中缀表达式字符串中的字符
        {
            current =infix[i].toLatin1();
            if(isdigit(current))//如果是数字直接输出
            {
                postfix.push_back(current);
                continue;
            }
            switch(current)
            {
            case '+':
            case '-':
            case '*':
            case '/':
            case '^':
                if(infix[i-1] != ')')      //如果运算符的前一项不是右括号则说明前一个
```
数字输入完毕，用#标识前面几个字符组成一个数字
```cpp
                {
                    if(infix[i-1].isDigit())
                        postfix.push_back('#');
                    else
                        throw "expression is illegality";
                }
                if(!stack.empty())//比较目前符号与栈顶符号优先级，低于则出栈，并输出
```
字符串
```cpp
                {
                    char tempTop=stack.top();
                    while(tempTop != '(' && priority[current]<=priority[tempTop])
                    {
                        stack.pop();
                        postfix.push_back(tempTop);
```

```cpp
                    if(stack.empty())
                        break;
                    tempTop=stack.top();
                }
            }
            stack.push(current);//符号全部出栈或者遇到了'('或者大于栈顶符号的优先级，将新符号压入栈中
            break;
        case '.':
            postfix.push_back(current);
            break;
        case '%':
            postfix.push_back(current);
            break;
        case '(':
            stack.push(current);//左括号直接入栈
            break;
        case ')':
            postfix.push_back('#');//右括号说明前方数字输入完成，标识一下
            char tempTop;
            tempTop=stack.top();
            while(tempTop !='(')//直到栈顶元素是左括号才停止循环
            {
                stack.pop();
                postfix.push_back(tempTop);
                tempTop=stack.top();
            }
            stack.pop();
            break;
        default:
            throw "expression has illegality character";
            break;
        }
    }
    if(infix[infix.size()-1] != ')')
    {
        if(infix[infix.size()-1].isDigit())
            postfix.push_back('#');
        else
```

实训四 计算器V4.0：带括号表达式的计算器

```cpp
            throw "expression is illegality";
        }
    while(!stack.empty())
    {
        char tempOut=stack.top();
        stack.pop();
        postfix.push_back(tempOut);
    }
    return postfix;
}
double Widget::compute(QString s) throw(const char*)
{
    std::stack<double> stack;
    QString str;
    double curr;

    double  temNum1;
    double  temNum2;
    for(auto i = s.begin();i != s.end(); i++)
    {
        if((*i).isDigit())
        {
            str.push_back(*i);
            continue;
        }
        switch((*i).toLatin1())
        {
        case '+':
            temNum1=stack.top();
            stack.pop();
            temNum2=stack.top();
            stack.pop();
            stack.push(temNum2 + temNum1);
            break;
        case '-':
            temNum1=stack.top();
            stack.pop();
            temNum2=stack.top();
            stack.pop();
```

```cpp
            stack.push(temNum2 - temNum1);
            break;
        case '*':
            temNum1=stack.top();
            stack.pop();
            temNum2=stack.top();
            stack.pop();
            stack.push(temNum2 * temNum1);
            break;
        case '/':
            temNum1=stack.top();
            stack.pop();
            temNum2=stack.top();
            stack.pop();
            stack.push(temNum2 / temNum1);
            break;
        case '^':
            temNum1=stack.top();
            stack.pop();
            temNum2=stack.top();
            stack.pop();
            stack.push(pow(temNum2, temNum1));
            break;
        case '.':
            str.push_back(*i);
            break;
        case '#':
            curr =str.toDouble();//字符串转换为浮点型
            str.clear();
            stack.push(curr);
            break;
        case '%':
            curr = stack.top();
            stack.pop();
            curr*=0.01;
            stack.push(curr);
            break;
        default:
            throw "expression has illegality character";
```

```
            break;
      }
  }
  curr=stack.top();
  return curr;
}
```

最后，运行程序，程序运行效果如图 4-8 所示。

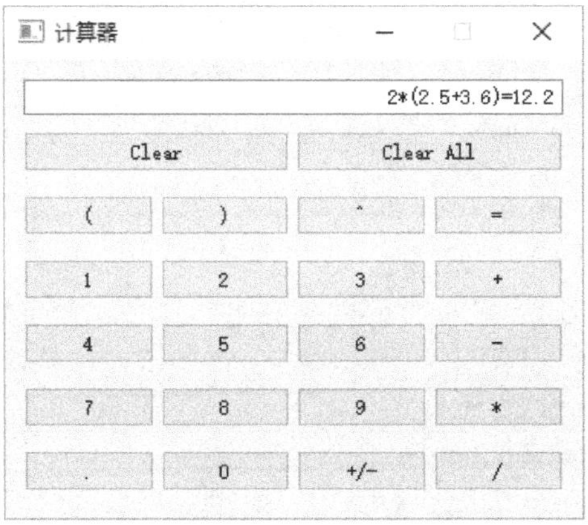

图 4-8　计算器 V4.0 运行效果

（四）小结

本次实训介绍了 qDebug()函数，这也是 Qt 中的一个重要函数，可以用它来打印调试信息，寻找程序 Bug。同时本次实训重点介绍了前缀、中缀和后缀三种表达式，以及中缀表达式转换为后缀表达式的算法和计算后缀表达式值的算法，这部分虽然不是 Qt 的内容，但是对于实现一个计算器来说，却是非常重要的，毕竟计算表达式是计算器的首要功能，而且这部分知识是学习计算机的基础知识，所以希望读者认真完成本实训的内容。在本次实训中，计算器的功能又增强了不少，已经可以满足日常生活中的一般计算要求了，不妨将它和你使用过的计算器对比下差别吧！

小技巧

Qt Creator 添加自定义注释功能：打开 Qt Creator，菜单选择"工具—选项—文本编辑器—片段，"单击"添加"按钮，编辑自定义的"触发"，例如，触发 note_function，触发种类 custom（也可以填写为其他内容），然后填写注释的内容（也可以是其他形式的代码段），单击"确定"进行保存。

在编辑器中输入 note_function，就会关联刚才设置的注释，如图 4-9 所示。

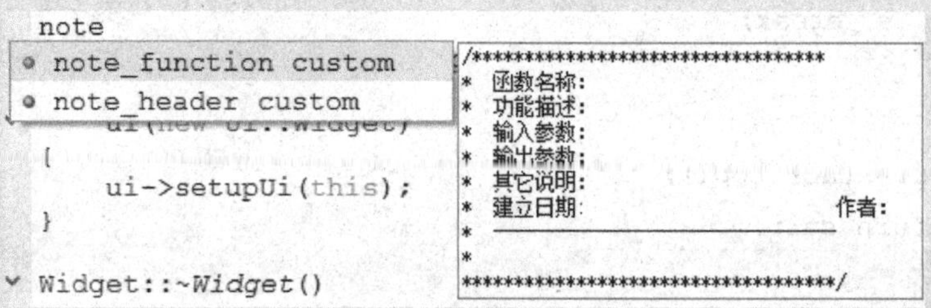

图 4-9 Qt Creator 添加自定义注释

实训五

计算器 V5.0：带菜单和粘贴功能的计算器

（一）实训内容

1. 桌面程序主窗口框架
2. 对话框的基础知识
3. 添加应用程序图标
4. 实现带菜单、可复制表达式的计算器

（二）实训原理

1. 桌面程序主窗口框架

主窗口为建立应用程序的用户界面提供了一个框架，Qt 提供 QMainWindow 和其他一些相关的类共同完成主窗口的管理。在之前的实训中，在选择窗口基类时，我们都是将其修改为了 QWidget，而 QWidget 是最基本的一个窗口控件，只有一个最基本的窗口，其他什么都没有。但一般的一个传统窗口应用都会有菜单栏、工具栏和底部的状态栏，如图 5-1 所示，QMainWindow 类则刚好为我们提供了这些。在本次实训中，我们要为程序添加一个菜单栏，所以使用 QMainWindow 类完成。

（1）菜单栏

菜单栏是指窗口标题下那一行包含下拉菜单项的列表，这些菜单项由 QAction 动作类实现。菜单栏位于主窗口的顶部，一个主窗口只能有一个菜单栏。

如果项目的主窗口使用的是 QWidget 类，那么默

图 5-1　主窗口组成划分

认没有菜单栏,我们需要自己编写代码向窗口添加菜单栏,而 QMainWindow 类带有一个菜单栏,我们就不用自己去创建了,这里只需要了解菜单栏的概念即可。

QMenu 和 QAction 是 Qt 中用来表示菜单和菜单选项的两个类。一个菜单栏可以有多个菜单,一个菜单可以有多个菜单选项。

下面通过一个具体实例来介绍 QMain Window 的使用。项目位置为 code/ch05/MainWindowExample,项目名为 MainWindowExample,窗口基类默认为 QMainWidnow 不变。建立好项目之后,双击 mainwindow.ui 文件,转到设计模式。这时观察主窗口,可以非常明显地看到窗口和之前的主窗口不同。

下面添加菜单,双击左上角的"在这里输入",将其修改为"文件(&F)",这里要用英文半角的括号,"&F"称为加速键,表明在程序运行时可以按下"Alt+F"键来激活该菜单。修改完成后按下回车键,并在弹出的下拉菜单中将第一项改为"新建(&N)",并按下回车键(由于版本问题,如果这里无法直接输入中文,可以通过复制粘贴完成),再添加第二项"打开(&O)",界面效果如图 5-2 所示。

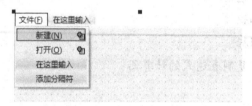

图 5-2 添加菜单动作

可以看到,下面的 Action 编辑器中已经有了"新建"和"打开"动作,如图 5-3 所示。

图 5-3 编辑菜单动作

然后右击"新建"动作,选择转到槽,选择 triggered()信号,在函数中添加一行代码:

```
qDebug() << "新建 Action triggered" << endl;
```

同样,右击"打开"动作,转到槽函数后,添加一行代码:

```
qDebug() << "打开 Action triggered" << endl;
```

添加<QDebug>头文件,之后运行程序,按下"Alt + F"键就可以打开文件菜单,按下"N"键就可以激活新建动作。不过,必须在菜单激活时按下"N"键才有效,这也是加速键的与一般快捷键不一样的地方。

(2)工具栏

工具栏 QToolBar 类提供了一个包含一组控件的、可以移动的面板。前面已经看到,可以将 QAction 对象添加到工具栏，默认只是显示一个动作的图标，可以在 QToolBar 的属性中进行更改。在设计器中查看 QToolBar 的属性栏，其中 toolButtonStyle 属性用来设置图标和相应文本的显示及其相对位置；movabel 属性用来设置状态栏是否可以移动；allowedArea 属性用来设置允许停靠的位置；iconsize 属性用来设置图标的大小；floatable 属性用来设置是否可以悬浮。

工具栏中除可以添加动作外，还可以添加其他窗口控件。打开之前的 MainWindow Example 项目文件，双击 mainwindow.ui 文件，转到设计模式，MainWindow 类界面如图 5-4 所示。

再打开 mianwindow.cpp 文件，在文件的顶部添加头文件如下：

```
#include <QToolButton>
#include <QSpinBox>
```

然后在构造函数中继续添加如下代码：

```
QToolButton *toolBtn = new QToolButton(this);
toolBtn->setText("颜色");
QMenu *colorMenu = new QMenu(this);
colorMenu->addAction(tr("红色"));
colorMenu->addAction(tr("绿色"));
toolBtn->setMenu(colorMenu);
toolBtn->setPopupMode(QToolButton::MenuButtonPopup);
ui->mainToolBar->addWidget(toolBtn);
QSpinBox *spinBox = new QSpinBox(this);
ui->mainToolBar->addWidget(spinBox);
```

这里创建了一个 QToolButton 类对象，并为它添加一个弹出菜单，设置了按钮旁边的一个向下的小箭头，按下这个箭头可以弹出菜单（默认的弹出方式是按下按钮一段时间才弹出菜单），最后将它添加到工具栏中。下面又向工具栏中添加了一个 QSpinBox 控件，可以看出，向工具栏中添加控件使用的是 addWidget() 函数。

其实，当向工具栏中添加一个 QAction 类对象时就自动创建了一个 QToolButton 对象，所以说工具栏上的动作就是一个 QToolButton，这就是属性栏中会有 toolButtonStyle 的原因，运行程序，界面效果如图 5-5 所示。

（3）状态栏

状态栏 QStatusBar 类提供了一个水平条控件，用来显示状态信息。QMainWindow 中默认提供一个状态栏。状态信息分为三类：临时信息，如一般的提示信息；正常信息，如显示页数和行号；永久信息，如显示版本号或者日期。可以使用 showMessage() 函数显示临时信息，它会出现在状态栏的最左边。一般用 addWidget() 函数添加一个 QLabel 到状态栏上，用于显示正常信息，它会生成在状态栏的最左边，可能被临时信息覆盖。如果要显示永久信息,则要使用 addPermanentWidget()函数添加一个如 QLabel 一样的可以显示信息的控件,它会生成在状态栏的最右边,不会被临时信息覆盖。

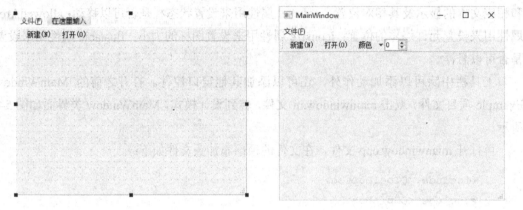

图 5-4 MainWindow 类界面　　　　　　　图 5-5 添加工具栏

状态栏的最右端还有一个 QSizeGrip 控件,用来调整窗口大小,可以使用 setSizeGripEnabled()函数禁用它。

因为目前的设计器还不支持直接向状态栏中拖放控件,所以必须需要使用代码来完成。向 mainwindow.cpp 文件中的构造函数中添加代码如下:

```
QLabel *normal = new QLabel("正常信息", this);
QLabel *permanent = new QLabel( "永久信息" ,this);

ui->statusBar->addWidget(normal);
ui->statusBar->addPermanentWidget(permanent);
```

再将 on_action_N_triggered()和 on_action_O_triggered()两个函数的实现代码修改如下:

```
void MainWindow::on_action_N_triggered()
{
    qDebug() << "新建 Action triggered" << endl;
    ui->statusBar->showMessage("新建 Action triggered", 2000);
}

void MainWindow::on_action_O_triggered()
{
    qDebug() << "打开 Action triggered" << endl;
    ui->statusBar->showMessage("打开 Action triggered", 2000);
}
```

在上面的代码中,我们使用了主窗口状态栏的 showMessage()函数将调试信息以临时信息的形式输出到状态栏的最左边。第二个参数是毫秒数,2000 毫秒即 2 秒。运行程序,界面效果如图 5-6 所示。

实训五 计算器 V5.0：带菜单和粘贴功能的计算器

图 5-6 状态栏效果

2. 对话框的基础知识

下面介绍一种比较特殊的窗口——对话框窗口。对话框窗口是经常用来完成短小任务或者和用户进行简单交互的顶级窗口。QDialog 类是所有对话框窗口的基类，接下来将分别介绍对话框的种类、自定义对话框和几种标准对话框。

（1）模态和非模态对话框

首先，按照运行对话框时是否还可以和该程序的其他窗口进行交互，对话框可分为两类：模态的（model）和非模态的（modeless）。

下面通过一个具体实例介绍 QDialog 类的使用，项目位置为 code/ch05/MyDialog。

使用构建向导构建一个项目，项目名为 MyDialog，窗口基类选择 QWidget，然后在 widget.cpp 的顶端加上<QDialog>头文件，之后在 Widget 类的构造函数中添加如下代码：

```
QDialog *dialog = new QDialog(this);
dialog->show();
```

运行程序，会发现多了一个小对话框，如图 5-7 所示。

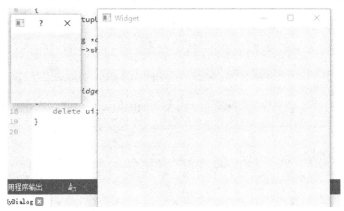

图 5-7 非模态对话框

此时创建的对话框属于非模态对话框,因为可以将窗口焦点在两个窗口间自由的切换,这意味着我们可以不用理会弹出的对话框而继续主窗口的操作。

创建模态对话框的代码如下:

```
QDialog *dialog = new QDialog(this);
dialog->setModal(true);
dialog->show();
```

再次运行程序,我们发现焦点一直在弹出的对话框上,如果单击主窗口,对话框会闪烁,除非我们将对话框关闭,否则窗口焦点依旧在对话框上。这就意味着,我们必须先完成对话框上的一些操作才能继续和主窗口进行交互。模态对话框通常用于一些关键步骤,保证用户先完成要求的操作,然后再进行下一步行为。通常我们可以用信号和槽来实现模态对话框,不过,也有一种更方便的方法,即在 widget.cpp 中加入<QDebug>头文件,再将代码修改如下:

```
QDialog *dialog = new QDialog(this);
dialog->exec();

qDebug() << "next action";
```

运行程序,会发现这次主窗口并没有显示出来,只有一个对话框被弹出来了,关闭对话框后主窗口才显示出来,Qt Creator 下方的应用程序输出也打印出了 next action。这说明刚才程序运行到 dialog->exec()处便停止了,直到关闭对话框后才继续向下运行,这对需要用对话框获取一些关键信息后继续向下运行的情况是非常方便的。

(2) 自定义对话框

前面的对话框都是直接使用 QDialog 类,这样的对话框是空白的,里面没有任何其他的东西,下面我们继承 QDialog 类来创建一个自定义的对话框类。依旧使用 MyDialog 项目,选中项目,右击选择"添加新文件",选择 Qt Designer 界面类,界面模板选择 Dialog without Buttons,类名默认 Dialog 即可。创建成功后,自动转到设计模式,向对话框窗口拖入两个按钮,如图 5-8 所示。

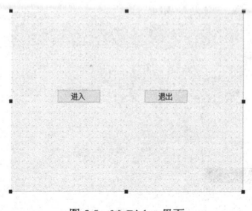

图 5-8 MyDialog 界面

实训五 计算器 V5.0：带菜单和粘贴功能的计算器

然后按"F4"键进入信号和槽编辑模式，左键单击"退出"按钮，然后拖到窗口空白区域即可，之后弹出信号和槽的选择窗口，选中"显示从 QWidget 继承的信号和槽"，之后选择 click()信号和 close()槽，如图 5-9 所示。

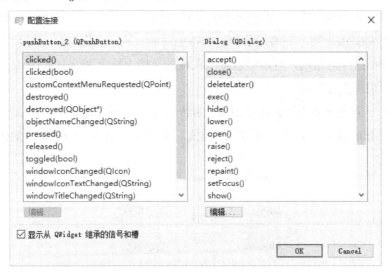

图 5-9 选择信号连接

下面，按"F3"键返回控件编辑模式，右击"进入"按钮，选择转到槽，选择 clicked()信号，在槽中添加一行代码：

```
accept();
```

然后打开 main.cpp 文件，修改代码如下：

```
#include "widget.h"
#include <QApplication>
#include "dialog.h"

int main(int argc, char *argv[])
{
    QApplication a(argc, argv);
    Widget w;
    Dialog myDialog;
    if (myDialog.exec() == QDialog::Accepted)
    {
        w.show();
        return a.exec();
    }
    return 0;
}
```

同时转到 widget.cpp 文件,将构造函数中前面的代码删除。运行程序,首先会弹出一个对话框,选择"进入"则弹出主窗口,选择"退出"则直接退出。

(3) 标准对话框

标准对话框是一些经常会用到的对话框。Qt 为我们提供了一些常用的对话框类型,它们全部继承自 QDialog 类,并增加了自己的特色功能,例如获取颜色、显示特定信息等。下面将逐一介绍这些对话框,更多信息可以在帮助文档中搜索 Standard Dialogs 关键字,也可以直接索引相关类的类名。

下面通过一个实例来介绍如何使用各种标准对话框,依旧使用前面的 MyDialog 项目,打开项目,双击 widget.ui 文件,转到设计模式,在界面上添加一些按钮,如图 5-10 所示。

图 5-10 Widget 类界面

① 颜色对话框

颜色对话框 QColorDialog 类提供了一个可以获取指定颜色的对话框。首先,在 widget.cpp 文件中添加<QColorDialog>头文件,然后从设计模式进入"颜色对话框"按钮的 clicked()单击信号槽,在槽中添加如下代码:

```
QColor color = QColorDialog::getColor(Qt::red, this, "颜色对话框");
qDebug() << "color:" << color;
```

这里使用了 QColorDialog 的静态函数 getColor()来获取颜色,它的三个参数的作用分别是设置初始颜色、指定父窗口和设置对话框标题。这里的 Qt::red 是预定的颜色对象,可以单击该字符串,然后按"F1"键查看快捷帮助,或者在帮助索引中通过 Qt::GlobalColor 关键字查看所有的预定义颜色列表。getColor()函数会生成一个模态的颜色选择对话框,然后在用户完成选择后返回一个 QColor 类型的数据。

运行程序,选择进入到主窗口后,单击"颜色对话框"按钮,如果不选择颜色,直接单击 OK,那么输出信息应该是 QColor(ARGB 1, 1, 0, 0),这里的 4 个设置分别代表透明度(alpha)、红色(red)、绿色(green)和蓝色(blue)。它们的数值都是从 0.0~1.0,有效数字为 6 位。对于 alpha 来说,1.0 代表完全不透明(这是默认值),而 0.0 代表完全透明。在

实训五 计算器 V5.0：带菜单和粘贴功能的计算器

对话框中还可以添加对 alpha 的设置，在 getColor()函数中使用最后一个参数：

```
QColor color = QColorDialog::getColor(Qt::red, this, "颜色对话框",
QColorDialog::ShowAlphaChannel);
```

这里的 QColorDialog::showAlphaChannel 用来显示 alpha 设置，可以运行程序查看效果。

前面使用了 QColorDialog 类的静态函数来直接显示颜色对话框，优点是不用创建对象。但是如果想要更灵活的设置，则可以先创建对象，再进行各种设置，代码如下：

```
QColorDialog dialog(Qt::red, this);
dialog.setOption(QColorDialog::ShowAlphaChannel);
dialog.exec();
QColor color = dialog.currentColor();
qDebug() << "color:" << color;
```

运行以上代码与前面的实现效果是等效的。

② 文件对话框

文件对话框 QFileDialog 类提供了一个允许用户选择文件或文件夹的对话框。继续在 widget.cpp 中添加<QFileDialog>头文件，然后从设计模式转到"文件对话框"按钮的 clicked()单击信号槽，并修改代码如下：

```
QString fileName = QFileDialog::getOpenFileName(this,"文件对话框","D:",
"图片文件(*.png *.jpg);
    qDebug() << "fileName:" << fileName;
```

这里使用了 QFileDialog 类中的静态函数 getOpenFileName()来获取选择的文件名，这个函数会以模态方式运行一个文件对话框。打开后选择一个文件，单击"打开"按钮，这个函数便可以返回选择的文件名。它的 4 个参数的作用分别是指定父窗口，设置对话框标题、指定默认打开的目录路径和设置文件类型过滤器。如果不指定文件过滤器，则默认选择所有类型的文件。这里指定了只选择 png 和 jpg 两种格式的图片文件（注意，代码中*png 和*jpg 之间需要一个空格），那么在打开的文件对话框中只能显示目录下这两种格式的文件。还可以设置多个不同类别的过滤器，不同类别间使用两个分号";;"隔开，例如，添加文本文件类型的代码如下：

```
QString fileName = QFileDialog::getOpenFileName(this,"文件对话框","D:",
"图片文件(*.png *.jpg);;文本文件(*txt)");
```

这时再运行程序，就可以在文件对话框的文件类型中选择"文本文件"类型了。这个程序只能选择单个文件，要同时选择多个文件，则可以使用 getOpenFileNames()函数。当然也可以不使用这些静态函数，而是利用建立对话框对象来操作。除上面的两个函数外，QFileDialog 类还提供了 getSaveFileName()函数实现"保存文件"对话框和"另存为文件"

对话框，还有 getExistingDirectory()函数来获取一个已存在的文件路径，具体请在 Qt 帮助文档中搜索 QFileDialog 类查看详情。

③ 字体对话框

字体对话框 QFontDialog 类提供了一个可以选择字体的对话框。首先添加<QFontDialog>头文件，然后转到"字体对话框"按钮 clicked()的单击信号槽，修改代码如下：

```
bool ok = false;
QFont font = QFontDialog::getFont(&ok, this);
if (ok)
{
    ui->pushButton_2->setFont(font);
}
else
{
    qDebug() << "没有选择字体";
}
```

这里同样使用了 QFontDialog 类的 getFont()函数获取选择的字体，这个函数的第一个参数是 bool 类型变量，用来存放按下按钮的状态，如若在打开的对话框中单击了"OK"按钮，那么这里的 ok 变量就为 true，这样来告诉程序已经用户选择了字体。

④ 输入对话框

输入对话框 QInputDialog 类用来提供一个对话框，可以让用户输入一个单一的数值或字符串。首先添加<QInputDialog>头文件，然后进入"输入对话框"按钮的 clicked()单击信号槽，修改代码如下：

```
bool ok;
QString name = QInputDialog::getText(this, "输入对话框", "请输入用户名：", QLineEdit::Normal, "admin", &ok);
if (ok)
{
    qDebug() << "name:" << name;
}
int intNum = QInputDialog::getInt(this, "整数输入对话框", "请输入-1000 到 1000 之间的数值", 100, -1000, 1000, 10, ok);
if (&ok)
{
    qDebug() << "intNum:" << intNum;
}
double doubleNum = QInputDialog::getDouble(this, "浮点数输入对话框", "请输入-1000 到 1000 的数值", 0.00, -1000, 1000, 2, &ok);
```

```
    if (ok)
    {
        qDebug() << "doubleNum:" << doubleNum;
    }
    QStringList items;
    items << "条目1" << "条目2";
    QString item = QInputDialog::getItem(this, "条目输入对话框", "请选择或输入一个条目", items, 0, true, &ok);
    if (ok)
    {
        qDebug() << "item:" << item;
    }
```

这里一共创建了 4 个不同类型的输入对话框。getText()函数提供一个可输入字符串的对话框，各参数的作用分别是：指定父窗口、设置窗口标题、设置对话框中的标签显示文本、设置输入字符串的显示模式（密码可以显示为小黑点，这里使用 Normal，为正常显示，会直接显示用户输入内容）、设置对话框中的默认字符串和设置按下按钮信息的 bool 变量；getInt()函数用来获取整数，其中的参数 100 表示默认的数值是 100，-1000 表示可输入的最小值，1000 表示可输入的最大值，10 表示若使用箭头按钮，数值每次变化为 10。getDouble()函数和 getInt()函数类似。getItem()函数提供一个可以输入一个条目的对话框，需要先给它加入一些条目，例如这里定义 QStringList 类型的 items，其中参数 0 表示默认显示列表中的第 0 个条目，参数 true 设置是否可以被更改（true 代表可以被更改）。这里使用的是静态函数，也可以自己定义对象，然后使用相关的函数设置。

⑤ 消息对话框

消息对话框 QMessageBox 类提供了一个模态的对话框来通知用户一些信息，或者向用户提出问题并且获取答案。首先添加头文件<QMessageBox>，然后转到"消息对话框"按钮的 clicked()单击信号槽中，修改代码如下：

```
    int ret1 = QMessageBox::question(this, "问题对话框", "你了解 Qt 吗？", QMessageBox::Yes, QMessageBox::No);
    if (ret1 == QMessageBox::Yes)
    {
        qDebug() << "问题！";
    }
    int ret2 = QMessageBox::information(this, "提示对话框", "这是 Qt 书籍！", QMessageBox::Ok);
    if (ret2 == QMessageBox::Ok)
    {
        qDebug() << "提示！";
```

```
    }
    int ret3 = QMessageBox::warning(this, "警告对话框", "不能提前结束！",
QMessageBox::Abort);
    if (ret3 == QMessageBox::Abort)
    {
        qDebug() << "警告！";
    }
    int ret4 = QMessageBox::critical(this, "严重错误对话框", "发现一个严重错误！
现在要关闭所有文件！", QMessageBox::YesAll);
    if (ret4 == QMessageBox::YesAll)
    {
        qDebug() << "错误！";
    }
    QMessageBox::about(this, "关于对话框", "Qt 对话框实例");
```

这里创建了 4 个不同类型的消息对话框，分别拥有不同的图标和提示音（这个是操作系统设置的），几个参数分别用于设置父窗口、标题栏、显示信息和拥有的按钮，这里使用的按钮都是 QMessageBox 类提供的标准按钮。这几个静态函数的返回值就是标准按钮，由 QMessageBox::StandardButton 枚举类型指定，可以使用返回值来判断用户按下了哪个按钮。about()函数没有返回值，因为它默认只有一个按钮。与之相似的还有 aboutQt()函数，用来显示 Qt 版本信息。如果想使用自定义的图标和按钮，可以创建 QMessageBox 对象，然后使用相关函数进行操作。

⑥ 进度对话框

进度对话框 QProgressDialog 类可以对一个较长操作的进度提供反馈。首先添加 <QProgressDialog>头文件，然后转到"进度对话框"按钮的 clicked()单击信号槽，修改代码如下：

```
QProgressDialog dialog("文件复制进度", "取消", 0, 50000, this);
dialog.setWindowTitle("进度对话框");
dialog.show();
for (int i = 0; i < 50000; i++)
{
    dialog.setValue(i);
    QCoreApplication::processEvents();
    if (dialog.wasCanceled())
    {
        return;
    }
}
```

```
    }
    dialog.setValue(50000);
    qDebug() << "复制结束!";
```

这里首先创建了一个 QProgressDIalog 类的对象 dialog，构造函数的参数分别用于设置对话框的标签内容，取消按钮的显示文本、最小值、最大值和父窗口。然后将对话框设为模态并显示。for()循环语句模拟了文件复制过程，setValue()函数使进度条向前推进；为了避免长时间操作而使用户界面冻结，必须不断地调用 QCoreApplication 类的静态函数 processEvents()，可以将它放在 for()循环语句中。使用 QProgressDialog 的 wasCanceled()函数来判断用户是否按下了"取消"按钮，如果是，则中断复制过程。这里使用了模态对话框，QProgressDialog 还可以使用非模态对话框，不过它需要定时器等控件的帮助。

⑦ 错误信息对话框

错误信息对话框 QErrorMessage 类提供了一个显示错误消息的对话框。首先打开 widget.h 文件添加头文件<QErrorMessage>，然后添加私有对象如下：

```
    QErrorMessage *errorDlg;
```

到 widget.cpp 的构造函数中添加如下代码：

```
    errorDlg = new QErrorMessage(this);
```

再从设计模式转到"错误信息对话框"按钮的 clicked()单击信号槽，修改代码如下：

```
    errorDlg->setWindowTitle("错误消息对话框");
    errorDlg->showMessage("这里是出错消息");
```

这里首先创建了一个 QErrorMessage 对话框，并调用它的 showMessage()函数来显示错误信息。错误信息对话框默认有一个 Show this message again 复选框，可以选择是否还要显示同样的错误消息，为了使这个功能有效，不能每次都创建一个新的对象。

⑧ 向导对话框

向导对话框 QWizard 类提供了一个设计向导界面的框架。对于向导对话框，读者应该已经很熟悉了，如安装软件时的向导和创建项目的向导。QWizard 之所以被称为框架，是因为它可以设计一个向导全部的功能函数,可以用它来实现想要的效果。Qt 中包含了 Trivial Wizard 、License Wizard 和 Class Wizard 这三个实例程序，可以供用户参考。

首先打开 widget.h 文件，然后添加头文件<QWizard>，在 Widget 类的声明中添加三个私有函数的声明，代码如下：

```
    QWizardPage *createPage1();
    QWizardPage *createPage2();
    QWizardPage *createPage3();
```

然后转到 wiget.cpp 文件，添加定义如下：

```cpp
QWizardPage *Widget::createPage1()
{
    QWizardPage *page = new QWizardPage();
    page->setTitle("介绍");
    return page;
}

QWizardPage *Widget::createPage2()
{
    QWizardPage *page = new QWizardPage();
    page->setTitle("用户选择信息");
    return page;
}

QWizardPage *Widget::createPage3()
{
    QWizardPage *page = new QWizardPage();
    page->setTitle("结束");
    return page;
}
```

代码中，分别新建了向导界面，并设置了它们的标题。下面转到"向导对话框"按钮的 clicked() 单击信号槽中，修改代码如下：

```cpp
QWizard wizard(this);
wizard.setWindowTitle("向导对话框");
wizard.addPage(createPage1());
wizard.addPage(createPage2());
wizard.addPage(createPage3());
wizard.exec();
```

这里新建了 QWizard 类对象，然后用 addPage() 函数为其添加了三个界面，运行时界面的显示顺序和添加界面的顺序是一致的。

3. 添加应用程序图标

我们之前所有项目生成的应用程序文件，都是没有应用程序图标的。如果希望应用程序文件有一个漂亮的应用程序图标，可以在 Qt Creator 的帮助中查找 Setting the Application Icon 关键字，这里列出了在 Windows 上设置应用程序图标的方法，以前面的 MainWindowExample 项目为例。

实训五 计算器 V5.0：带菜单和粘贴功能的计算器

第一步，创建.ico 文件。将 ico 图标文件复制到工程文件夹的 MainWindowExample 目录下，重命名为 appico.ico。完成后，项目目录的内容如图 5-11 所示。

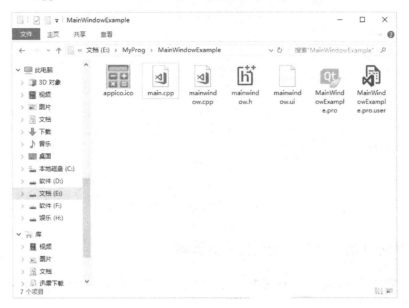

图 5-11 MainWindowExample 目录

第二步，修改项目文件。如图 5-12 所示，在 Qt Creator 中打开项目，双击打开 MainWindowExample.pro 文件，在文件最后添加一行代码。

```
RC_ICONS = appico.ico
```

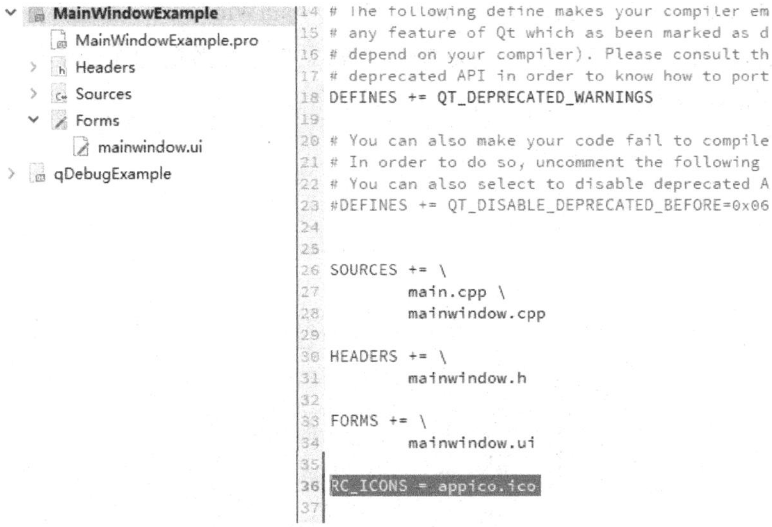

图 5-12 编辑工程文件

第三步，运行程序。如图 5-13 所示，可以看到窗口左上角的图标已经更换了。

图 5-13　示例程序运行结果

4. 实现带菜单、可复制表达式的计算器

计算器 V5.0：带菜单、可复制表达式的计算器，项目位置为 code/ch05/calculator，详见实训步骤。

（三）实训步骤

新建一个项目，项目名为 Calculator5，选择 QMainWindow 作为基类，按照实训四的界面设置界面，再将实训四中的代码复制过来，但注意要将函数前的类名改为 MainWindow，之后运行程序，如图 5-14 所示。

图 5-14　计算器界面

实训五 计算器 V5.0：带菜单和粘贴功能的计算器

关闭程序，双击 mainwindow.ui 文件，单击菜单栏，在上面输入菜单，然后在菜单中添加"粘贴"选项，如图 5-15 所示。

图 5-15 添加粘贴菜单

右击下方的 action，选择转到槽，选择 triggered()函数，单击 OK 按钮，如图 5-16 所示。

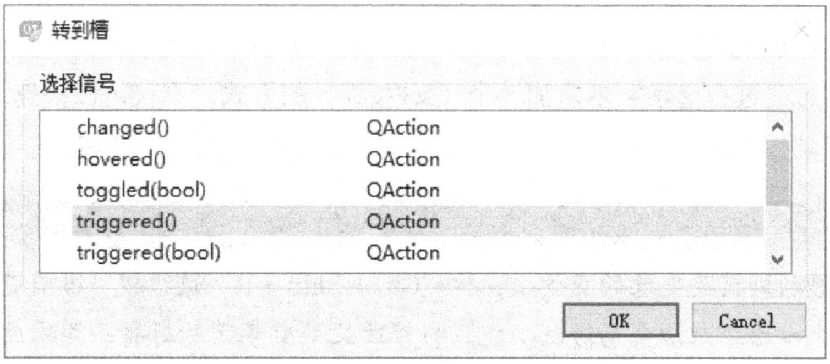

图 5-16 粘贴动作信号

然后，在槽函数中添加如下代码：

添加头文件：#include<QClipboard>。

```
void MainWindow::on_action_triggered()
{
    QClipboard *board = QApplication::clipboard();
    QString text = board->text();
    ui->lineEdit->setText(text);
}
```

运行程序，检验程序功能，程序运行效果如图 5-17 所示。

图 5-17　计算器 V5.0 运行效果

（四）小结

本次实训主要介绍了传统桌面应用的主窗口框架及其在 Qt 中的使用。菜单栏是窗口应用程序一个非常重要的内容，它能够实现程序与用户的交互。我们了解了如何在 Qt Creator 的设计模式中添加菜单、菜单选项（动作），以及在 Action editor 中对一个菜单选项的属性进行设计。同时通过在选项文本后加一个（&+按键）的方式，不仅可以快速地给一个菜单和菜单选项（动作）添加快捷键，还能将快捷键的信息告诉用户，非常推荐读者使用。

> **小技巧**
>
> 　　将光标移动到需要更改的变量上，按"Ctrl + Shift + R"快捷键，当前变量名称外框为红色时，表示已经激活全局修改功能，当修改此处变量名称时将一同修改代码中所有使用该变量名称的变量名。

实训六

计算器 V6.0：能够记忆的计算器

（一）实训内容

1. Qt 中的富文本处理
2. Qt 中文档的基本框架
3. 添加历史记录功能

（二）实训原理

1. Qt 中的富文本处理

接触 Qt 中的富文本之前，我们先来梳理一下富文本和纯文本的概念。例如一个.txt 文件，用记事本打开后只有一些文本内容，除此之外什么都没有，非常单调，这就是纯文本。而一个.doc 文件，用 Word 办公软件打开后，里面不仅有文本，还有图片、表格等内容。并且文字还有不同的字体颜色，这就是富文本。富文本要比纯文本的功能更加强大，Qt 中的 QLineEdit 只能用来处理纯文本，而使用 QTextEdit 来支持对富文本的处理。

2. Qt 中文档的基本框架

Qt 对富文本的处理分为编辑操作和只读操作两种方式。编辑操作使用基于光标的一些接口函数，更好地模拟用户的编辑操作，更加容易理解，而且不会丢失底层的文档框架；对于文档结构的概览，则使用了只读的分层次的接口函数，有利于文档的检索和输出。可见，对于文档的读取和编辑要使用不同的两组接口。文档的光标主要基于 QTextCursor 类，而文档的框架主要基于 QTextDocument 类。一个富文本文档的结构主要分为 4 种元素，分别是框架（QTextFrame）、文本块（QTextBlock）、表格（QTextTable）和列表（QTextList）。每种元素的格式又使用相应的 Format 类来表示，分别是框架格式（QTextFrameFormat）、文本块格式

（QTextBlockFormat）、表格格式（QTextTableFormat）和列表格式（QTextListFormat），这些格式一般在编辑文档时使用，所以常和 QTextCursor 配合使用。QTextEdit 类就是一个富文本编辑器，所以在构建 QTextEdit 类对象时就已经构建了一个 QTextDocument 类对象和一个 QTextCursor 类对象，只需调用它们进行相应的操作即可，如图 6-1 所示。

一个空的文档包含了一个根框架，这个根框架又包含了一个空的文本块。框架将一个文档分为多个部分，在根框架中可以加入文本块、表格和子框架等。一个文档的结构如图 6-2 所示。

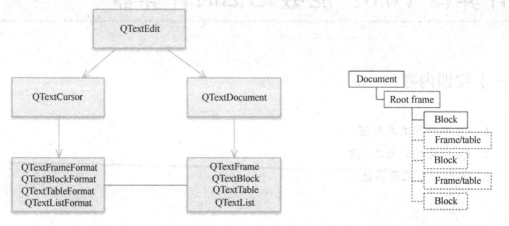

图 6-1 富文本元素　　　　　　　　图 6-2 文档结构图

（1）文本块

下面通过一个具体的实例，来介绍 Qt 中富文本的处理，项目位置为 code/ch06/RichTextExample。

使用构建向导构建一个 Qt 窗口应用项目，项目名为 RichTextExample，窗口基类使用默认的 QMainWindow。构建完成后，双击 mainwindow.ui 文件，转到设计模式，向窗口内拖入一个 Text Edit，然后使用 Action Editor 添加一个动作，并将其拖入到工具栏中，如图 6-3 所示。

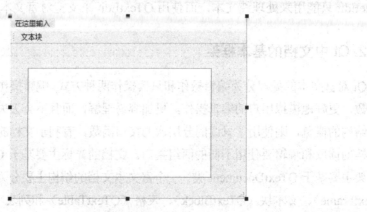

图 6-3 界面设计

右击该动作，选择转到槽，使用 tirggered()函数，在槽函数中添加如下代码：

```
QTextDocument *document = ui->textEdit->document();
QTextBlock block = document->firstBlock();
for(int i = 0; i < document->blockCount(); i++)
{
    qDebug() << tr("文本块%1,文本块首行行号为:%2,长度为:%3,内容为:")
                .arg(i).arg(block.firstLineNumber()).arg(block.length())
            << block.text();
    block = block.next();
}
```

这里使用了 QTextDocument 类的 firstBlock()函数来获取文档的第一个文本块，而 blockCount()函数可以获取文档中所有文本块的个数，这样便可以使用循环语句遍历所有的文本块。每个文本块都输出了编号、第一行行号、长度和内容，然后使用 QTextBlock 的 next()函数获取下一个文本块。需要说明的是，tr()函数可以将一个 C 语言的字符串，转换为一个 QString 对象，而 QString 对象的 arg()函数会替换字符串中%1 等位置标记，并且按照%后的数字大小先后替换。

在 MainWidnow 类的构造函数中添加如下代码：

```
//设置根框架格式
QTextDocument *document = ui->textEdit->document();
QTextFrame *rootFrame = document->rootFrame();
QTextFrameFormat format;
format.setBorderBrush(Qt::red);
format.setBorder(3);
rootFrame->setFrameFormat(format);
//在根框架中添加一个子框架
QTextFrameFormat frameFormat;
frameFormat.setBackground(Qt::lightGray);
frameFormat.setMargin(10);
frameFormat.setPadding(5);
frameFormat.setBorder(2);
frameFormat.setBorderStyle(QTextFrameFormat::BorderStyle_Dotted);
QTextCursor cursor = ui->textEdit->textCursor();
cursor.insertFrame(frameFormat);
```

在构造函数中，我们首先获取了编辑器中的文档对象，然后获取了文档的根框架，并且重新设置了框架的格式。之后又获取了编辑器的光标，并向主框架中添加了一个新框架。在文件顶端加上<QTextFrame> <QDebug>两个头文件后,运行程序,程序运行效果如图 6-4 所示。

图 6-4 文本块演示结果

(2)表格、列表与图片

现在再向 QTextEidt 中添加表格、列表和图片,继续使用 RichTextExample 项目,双击 mainwindow.ui,转到设计模式,在 Action Editor 中右击,新建三个动作,如图 6-5 所示。

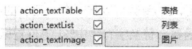

图 6-5 菜单动作

将三个动作拖到工具栏中,然后选择转到槽,添加如下槽函数:

```cpp
void MainWindow::on_action_textTable_triggered()
{
    QTextCursor cursor = ui->textEdit->textCursor();
    QTextTableFormat format;
    format.setCellSpacing(2);
    format.setCellPadding(10);
    cursor.insertTable(2, 2, format);
}

void MainWindow::on_action_textList_triggered()
{
    QTextCursor cursor = ui->textEdit->textCursor();
    QTextListFormat format;
    format.setStyle(QTextListFormat::ListDecimal);
    cursor.insertList(format);
}

void MainWindow::on_action_textImage_triggered()
```

```
{
    QTextCursor cursor = ui->textEdit->textCursor();
    QTextImageFormat format;
    format.setName("../qt.jpg");
    cursor.insertImage(format);
}
```

这里分别在三个动作被触发时，向 QTextEdit 对象中插入表格、列表、图片。图片是一个 Qt 图标，位置位于项目目录外。对于表格和列表，也可以使用 QTextFrame::iterator 来遍历它们，详情可以在帮助中通过 Rich Text Document Structure 关键字查看。表格对应的是 QTextTable 类，该类中，cellAt()函数用来获取指定的单元格；insertColumns()函数用来插入列；insertRows()函数用来插入行；mergeCells()函数用来合并单元格；splitCell()函数用来拆分单元格。对于一个单元格，其对应的类是 QTextTableCell，其格式对应的类是 QTextTableCellFormat 类。列表对应的类是 QTextList，该类提供了 count()函数获取列表中项目的个数，item()函数获取指定项目的文本块，removeItem()函数来删除一个项目。对于列表编号，这里使用了数字编号，更多的选项可以通过 QTextListFormat::Style 来查看。对于图片，可以使用 QTextImageFormat 类的 setHeight()和 setWidth()函数来设置图片的宽度和高度，这可能会将图片进行拉伸或压缩而变形，程序中使用了 setName()函数来指定路径，这里将图片放在了项目目录外，也可以放在别处，只需更改路径即可。

（3）查找功能

QTextEdit 类提供了很多功能，例如复制、粘贴、查找、撤销、恢复等。查找功能，使用的是 QTextEdit 提供的 find()函数。同样使用前面的 RichTextExample 项目，转到 mainwindow.h 文件，添加<QLineEdit><QDialog><QPushButton>和<QVBoxLayout>头文件，然后在类中添加两个私有变量如下：

```
QLineEdit *lineEdit;
QDialog *findDialog;
```

再添加一个私有槽：

```
void findNext();
```

然后添加该函数的实现，代码如下：

```
void MainWindow::findNext()
{
    QString str = lineEdit->text();
    bool isFind = ui->textEdit->find(str, QTextDocument::FindBackward);
    if (isFind)
    {
```

```
        qDebug() << tr("行号：%1，列号：%2")
                    .arg(ui->textEdit->textCursor().blockNumber())
                    .arg(ui->textEdit->textCursor().columnNumber());
    }
}
```

之后在构造函数中添加如下代码：

```
findDialog = new QDialog(this);
lineEdit = new QLineEdit(findDialog);
QPushButton *btn = new QPushButton(findDialog);
btn->setText("查找下一个");
connect(btn, &QPushButton::clicked, this, &MainWindow::findNext);
QVBoxLayout *layout = new QVBoxLayout();
layout->addWidget(lineEdit);
layout->addWidget(btn);
findDialog->setLayout(layout);
```

最后，在工具栏中添加"查找"动作，转到 triggered() 信号的槽，添加如下代码：

```
findDialog->show();
```

这里使用了 find() 函数进行查找，选项 QTextDocument::FindBackward 表示向后查找；默认是向前查找，另外还有 QTextDocument:FindCaseSensitively 表示区分大小写。其实 QTextEdit 的 find() 函数只是为了方便而设计的，更多的查找功能可以使用 QTextDocument 类的 find() 函数，详情可以查阅 Qt 的帮助文档。

3. 添加历史记录功能

计算器 V6.0：能够记忆的计算器的实现，项目位置为 code/ch06/calculator，详见实训步骤。

（三）实训步骤

打开实训五的项目文件（code/ch05/calculator），双击 mainwindow.ui，将 QLineEdit 输入框删除，拖入一个 QTextEdit 作为输入框。之后再转到 mainwindow.h 中，添加如下两个私有函数：

```
//获取当前表达式的值
QString currentText();
```

实训六 计算器 V6.0：能够记忆的计算器

```
//设置当前行的值
void setCurrentText(QString text);


//一个私有成员变量
QString log;
```

将 bool waitForOperand 改为 bool waitForOperator，这是因为，从此版本开始，每次我们都将计算结果打印到下一行，使其可以继续进行计算，但这时需要判断是否程序正在等待用户输入一个运算符。

转到 mainwindow.cpp 中添加头文件<QTextBlock>：

```
#include <QTextBlock>
```

并修改构造函数如下：

```
MainWindow::MainWindow(QWidget *parent) :
    QMainWindow(parent),
    ui(new Ui::MainWindow)
{
    ui->setupUi(this);
    setCurrentText("0");
    waitForOperator = false;
    connectSlots();
    setShortcutKeys();
}
```

其他需要修改的函数如下：

```
void MainWindow::abortOperation()
{
    setCurrentText("0");
    waitForOperator = true;
    statusBar()->showMessage(error, 4000);
}


void MainWindow::digitClicked()
{
    QPushButton *digitBtn = static_cast<QPushButton*>(sender());
    QString value = digitBtn->text();
    QString current = currentText();
    if(current == "0" && value == "0")
```

```cpp
            return;
        if(waitForOperator)
        {
            log.append(current + '\n');
            ui->textEdit->append(value);
            waitForOperator = false;
        }
        else
        {
            if(current != "0")
                setCurrentText(current + value);
            else
                setCurrentText(value);
        }
    }

void MainWindow::on_clearBtn_clicked()
{
    //将当前显示的数归零
    setCurrentText("0");
    waitForOperator = true;
}
void MainWindow::on_clearAllBtn_clicked()
{
    //将当前显示的数据归零,并将之前保存的数据运算清除
    ui->textEdit->setText("0");
    waitForOperator = true;
}

void MainWindow::on_equalBtn_clicked()
{
    double result = 0.0;
    try
    {
        result = compute(inToPost(currentText()));
    }
    catch(const char *er)
    {
        error = er;
```

实训六 计算器 V6.0：能够记忆的计算器

```cpp
        abortOperation();
        return;
    }
    log.append(currentText() + '\n');
    ui->textEdit->append(QString::number(result));
    waitForOperator = true;
}

void MainWindow::on_signBtn_clicked()
{
    QString text = currentText();
    QChar sign = text[text.size() - 1];
    if(sign == '-')
    {
        text.remove(text.size() - 1, 1);
    }
    else
    {
        text.append('-');
    }
    setCurrentText(text);
}

void MainWindow::operatorClicked()
{
    QPushButton *clickedBtn = qobject_cast<QPushButton *>(sender());
    QString clickedOperator = clickedBtn->text();
    setCurrentText(currentText() + clickedOperator);
    waitForOperator = false;
}


void MainWindow::on_pointBtn_clicked()
{
    if (waitForOperator)
        setCurrentText("0");
    setCurrentText(currentText() + ".");
    waitForOperator = false;
```

}
再添加两个函数实现
```cpp
QString MainWindow::currentText()
{
    QTextDocument *document = ui->textEdit->document();
    QTextBlock block = document->lastBlock();
    return block.text();
}
void MainWindow::setCurrentText(QString text)
{
    QString allText = ui->textEdit->toPlainText();
    int pos = allText.lastIndexOf('\n');
    if(pos >= 0)
        allText.replace(allText.lastIndexOf('\n') + 1, allText.size(), text);
    else
        allText = text;
    ui->textEdit->setText(allText);
}
```

编译、运行程序，现在的程序就能够记录历史了，但清除后历史也将消失。现在再添加一个功能，让程序可以随时将记录的历史显示出来，而且还能将记录的历史清除。

双击 mainwindow.ui，转到设计模式，像之前一样，在菜单中添加"历史记录"、"清除记录"。然后再拖动下方的 action，将"历史记录"和"清除记录"拖动到工具栏中，如图 6-6 所示。

右击下方的历史记录和清除记录，选择转到槽，选择 triggered()信号，分别添加槽函数的实现，代码如下：

```cpp
void MainWindow::on_action_2_triggered()
{
    ui->textEdit->setText(log);
    setCurrentText("0");
    waitForOperator = false;
}
void MainWindow::on_action_3_triggered()
{
    log.clear();
}
```

运行程序，查看运行结果，界面效果如图 6-7 所示。

实训六　计算器V6.0：能够记忆的计算器

图6-6　添加历史记录、清除记录工具栏

图6-7　计算器V6.0运行效果

（四）小结

本实训介绍了Qt中支持富文本处理的QTextEdit类，以及对富文本处理的一系列操作和相关的类。富文本处理在程序中非常常见，如QQ聊天的信息便是一种富文本；还有我们浏览的网页，也是一种富文本。同时，利用QTextEdit类，可以为我们的计算器添加一个新功能——历史记录。用户输入的表达式将会被记录并显示出来，这让程序更加人性化。在实际的程序开发中，考虑用户需求是非常重要的，毕竟我们开发的应用是给用户使用的，用户的使用感受至关重要。

> **小技巧**
>
> 1. 按"Alt+数字键（1～7）"可以快速打开对应的输出窗口。
> 2. 用鼠标单击需要帮助的信息，按"F1"键可以在右侧显示帮助信息，快速按两次"F1"键可以全屏显示帮助信息。

实训七

计算器 V7.0：可扩展的科学计算器

（一）实训内容

1. Qt 布局管理器可扩展窗口的应用
2. 添加科学计算可扩展功能
3. 切换可扩展科学计算器的实现

（二）实训原理

1. Qt 布局管理器可扩展窗口的应用

可扩展窗口即在程序运行时，在特定情况下（用户单击按钮）才将一部分内容显示出来的窗口。可扩展窗口在日常软件中有很多应用，例如在填一个表单时，选择省份后，才会在省份后出现市的选项。Qt 中的布局管理器直接支持可扩展窗口的使用，在实训二中我们已经介绍了一些布局管理器的知识，了解了布局管理器可以通过 sizePolicy 动态调整子控件的大小。同时，布局管理器还可以感知到了控件的状态（是否可见），当调用 hide() 函数使子控件隐藏后，能够动态调整其他子控件的大小，填补隐藏控件的位置。依靠布局管理器的这一特性，我们可以方便地使用布局管理器来实现可扩展窗口。

下面通过一个具体的实例来介绍可扩展窗口的应用，项目位置为 code/ch07/Extend Window Example。

使用构建向导构建一个 Qt 窗口应用项目，项目名为 ExtendWindowExample，窗口基类选为 QDialog。创建成功后，双击 dialog.ui 文件，转到设计模式。向窗口内拖入控件，并修改控件名，如图 7-1 所示。其中，下面两个按钮使用了水平布局，然后作为整体，加入到整个窗口的表单布局中。

实训七 计算器 V7.0：可扩展的科学计算器

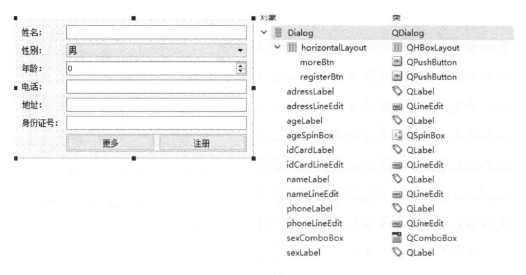

图 7-1 编辑界面

右击"更多"按钮，选择转到槽，选择 clicked() 信号，之后在槽函数中添加如下代码：

```
ui->phoneLabel->show();
ui->phoneLineEdit->show();
ui->adressLabel->show();
ui->adressLineEdit->show();
ui->idCardLabel->show();
ui->idCardLineEdit->show();
```

在槽函数中我们将几个控件显示了出来，然后转到 Dialog 类的构造函数，在开始时将这几个控件隐藏，添加代码如下：

```
ui->phoneLabel->hide();
ui->phoneLineEdit->hide();
ui->adressLabel->hide();
ui->adressLineEdit->hide();
ui->idCardLabel->hide();
ui->idCardLineEdit->hide();
```

编译、运行程序，开始窗口如图 7-2 所示，单击"更多"按钮后，窗口如图 7-3 所示。

2. 添加科学计算可扩展功能

自实训四后，我们的计算器采用将中缀表达式转换为后缀表达式后，再计算后缀表达式的算法来计算，即使用 inToPost() 和 compute() 两个函数来计算表达式的值。但前面的算法只支持简单的四则运算，在本实训中，我们将扩展计算器的功能，使其支持三角函数及幂运算等科学计算。

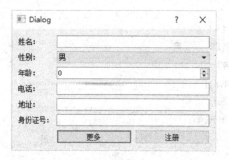

图 7-2　可扩展窗口（隐藏）　　　　　图 7-3　可扩展窗口（显示）

首先，改良 inToPost()函数，使其能够识别三角函数（sin, cos, tan, ln, lg），并将其正确地转换为后缀表达式。添加这几个运算的优先级，在函数代码的第 9 行后添加如下代码：

```
priority['s'] = 3;
priority['c'] = 3;
priority['t'] = 3;
priority['n'] = 3;
priority['g'] = 3;
```

可以看到，函数中 s 代表 sin，c 代表 cos，t 代表 tan，n 代表 ln，g 代表 lg。同时，在函数的循环处理的 switch 判断中添加如下 case：

```
case 's':
case 'c':
case 't':
    if(i > 0 && infix[i-1].isDigit())
        throw "表达式非法";
    if(!stack.empty())//比较目前符号与栈顶符号优先级，低于则出栈，并输出字符串
    {
        char tempTop=stack.top();
        while(tempTop != '(' && priority[current]<priority[tempTop])
        {
            stack.pop();
            postfix.push_back(tempTop);
            if(stack.empty())
                break;
            tempTop=stack.top();
        }
    }
    stack.push(current);
    i+=2;
    break;
case 'l':
```

```
        if(infix[i-1].isDigit())
            throw "表达式非法";
        if(!stack.empty())//比较目前符号与栈顶符号优先级,低于则出栈,并输出字符串
        {
            char tempTop=stack.top();
            while(tempTop != '(' && priority[infix[i+1].toLatin1()] < priority[tempTop])
            {
                stack.pop();
                postfix.push_back(tempTop);
                if(stack.empty())
                    break;
                tempTop=stack.top();
            }
        }
        stack.push(infix[i+1].toLatin1());
        i++;
        break;
```

可以看到,其处理方法与函数处理加、减、乘、除的方法是相似的,只是 sin 等三角函数有 3 个字符,处理完后需要向后跳 3 个字符,lg 和 ln 则是 2 个字符。将它们转换为用 1 个字符来代替,计算时会更加方便。

下面改写之前的 compute() 函数,比较简单,只需要在函数内循环的 switch 中添加如下 case 代码:

```
    case 's':
        temNum1 = stack.top();
        stack.pop();
        stack.push(std::sin(temNum1/180.0*PI));
        break;
    case 'c':
        temNum1 = stack.top();
        stack.pop();
        stack.push(std::cos(temNum1/180.0*PI));
        break;
    case 't':
        temNum1 = stack.top();
        stack.pop();
        stack.push(std::tan(temNum1/180.0*PI));
        break;
    case 'n':
        temNum1 = stack.top();
```

```
        stack.pop();
        stack.push(std::log(temNum1));
        break;
    case 'g':
        temNum1 = stack.top();
        stack.pop();
        stack.push(std::log10(temNum1));
        break;
```

这和之前的四则运算没有明显不同，不再累述。

3. 切换可扩展科学计算器的实现

计算器 V7.0：可扩展的科学计算器的实现，项目位置为 code/ch07/calculator，详见实训步骤。

（三）实训步骤

首先，打开实训六的项目文件（code/ch06/calculator），双击 mainwindow.ui，进入设计模式，打破原有布局，向界面中再拖入 6 个按钮，并修改其显示文本分别为 "%，sin，cos，tan，ln，lg"。再向菜单中添加一个动作"科学计算器"，并将其属性中的 checkable 选中。之后将所有按钮选中，应用栅格布局，再选中主窗口，应用纵向布局，如图 7-4 所示。

图 7-4 科学计算器界面

之后按照%，sin，cos，tan，ln，lg 将按钮分别命名为 percentBtn，sinBtn，cosBtn，tanBtn，lnBtn，lgBtn。然后选中动作"科学计算器"，选择转到槽，选择 triggered(bool)信号，添加槽函数如下：

```
void MainWindow::on_action_4_triggered(bool checked)
{
    if(checked)
    {
        ui->percentBtn->show();
        ui->sinBtn->show();
        ui->cosBtn->show();
        ui->tanBtn->show();
        ui->lnBtn->show();
        ui->lgBtn->show();

    }
    else
    {
        ui->percentBtn->hide();
        ui->sinBtn->hide();
        ui->cosBtn->hide();
        ui->tanBtn->hide();
        ui->lnBtn->hide();
        ui->lgBtn->hide();
    }
}
```

再转到 mainwindow.h 中，添加槽函数如下：

```
void specialOperatorClicked();
```

之后转到 mainwindow.cpp 中，添加函数实现

```
void MainWindow::specialOperatorClicked()
{
    QPushButton *specialOperatorBtn = static_cast<QPushButton*>(sender());
    QString value = specialOperatorBtn->text();
    QString current = currentText();
    if(waitForOperator)
    {
        log.append(current + '\n');
        ui->textEdit->append(value);
        waitForOperator = false;
```

```cpp
        }
        else
        {
            if(current != "0")
                setCurrentText(current + value);
            else
                setCurrentText(value);
        }
    }
```

其他修改的函数如下:

```cpp
MainWindow::MainWindow(QWidget *parent) :
    QMainWindow(parent),
    ui(new Ui::MainWindow)
{
    initUi();
    waitForOperator = false;
    on_action_4_triggered(false);
    connectSlots();
    setShortcutKeys();
}
void MainWindow::connectSlots()
{
    QPushButton *digitBtns[10] = {
        ui->digitBtn0,  ui->digitBtn1, ui->digitBtn2, ui->digitBtn3,
        ui->digitBtn4,  ui->digitBtn5, ui->digitBtn6, ui->digitBtn7,
        ui->digitBtn8,  ui->digitBtn9
    };
    for (auto btn : digitBtns)
        connect(btn, &QPushButton::clicked, this, &MainWindow::digitClicked);
    QPushButton *operatorBtns[8] = {
        ui->addBtn,      ui->subtractionBtn, ui->multiplicationBtn,
        ui->divisionBtn, ui->leftBracketBtn, ui->rightBracketBtn,
        ui->powBtn,      ui->percentBtn
    };
    for (auto btn : operatorBtns)
        connect(btn, &QPushButton::clicked, this, &MainWindow::operatorClicked);
    QPushButton *specialOperatorBtns[5] = {
        ui->sinBtn,      ui->cosBtn,      ui->tanBtn,    ui->lnBtn,
```

实训七 计算器 V7.0：可扩展的科学计算器

```cpp
            ui->lgBtn
        };
        for (auto btn : specialOperatorBtns)
            connect(btn, &QPushButton::clicked, this, &MainWindow::specialOperatorClicked);
    }
    void MainWindow::setShortcutKeys()
    {
        Qt::Key key[27] = {
            Qt::Key_0,          Qt::Key_1,           Qt::Key_2,          Qt::Key_3,
            Qt::Key_4,          Qt::Key_5,           Qt::Key_6,          Qt::Key_7,
            Qt::Key_8,          Qt::Key_9,           Qt::Key_Plus,       Qt::Key_Minus,
            Qt::Key_Asterisk,   Qt::Key_Slash,       Qt::Key_Enter,
            Qt::Key_Period,     Qt::Key_Backspace,   Qt::Key_M,
            Qt::Key_ParenLeft,  Qt::Key_ParenRight,  Qt::Key_AsciiCircum,
            Qt::Key_Percent,    Qt::Key_S,           Qt::Key_C,
            Qt::Key_T,          Qt::Key_N,           Qt::Key_G
        };
        QPushButton *btn[27] = {
            ui->digitBtn0,      ui->digitBtn1,       ui->digitBtn2,      ui->digitBtn3,
            ui->digitBtn4,      ui->digitBtn5,       ui->digitBtn6,      ui->digitBtn7,
            ui->digitBtn8,      ui->digitBtn9,       ui->addBtn,
            ui->subtractionBtn,                      ui->multiplicationBtn,
            ui->divisionBtn,    ui->equalBtn,        ui->pointBtn,       ui->clearBtn,
            ui->signBtn,                             ui->leftBracketBtn,
            ui->rightBracketBtn,                     ui->powBtn,         ui->percentBtn,
            ui->sinBtn,         ui->cosBtn,          ui->tanBtn,         ui->lnBtn,
            ui->lgBtn
        };
        for (int i = 0; i < 27; i++)
            btn[i]->setShortcut(QKeySequence(key[i]));
        ui->clearAllBtn->setShortcut(QKeySequence("Ctrl+Backspace"));
    }



    QString MainWindow::inToPost(QString infix) throw(const char*)
    {
        std::stack<char> stack;
        char current = 0;//读入的字符
        QString postfix;//写入后缀表达式的字符串
```

```cpp
            std::map<char,int> priority;//运算符号优先级表
            priority['+'] = 0;
            priority['-'] = 0;
            priority['*'] = 1;
            priority['/'] = 1;
            priority['^'] = 2;
            priority['s'] = 3;
            priority['c'] = 3;
            priority['t'] = 3;
            priority['n'] = 3;
            priority['g'] = 3;
            priority['%'] = 3;

            for(int i = 0; i < infix.length() ;++i)//逐个读取中缀表达式字符串中的字符
            {
                current =infix[i].toLatin1();
                if(isdigit(current))//如果是数字直接输出
                {
                    postfix.push_back(current);
                    continue;
                }
                switch(current)
                {
                case '+':
                case '-':
                case '*':
                case '/':
                case '^':
                case '%':
                    if(infix[i-1] != ')')      //如果运算符的前一项不是右括号则说明前一个
数字输入完毕,用#标识前面几个字符组成一个数字
                    {
                        if(infix[i-1].isDigit())
                            postfix.push_back('#');
                        else if(infix[i-1] == '%')// 什么也不做,跳出
                            infix.begin();
                        else
                            throw "表达式是非法的";
                    }
```

```
            if(!stack.empty())//比较目前符号与栈顶符号优先级,低于则出栈,并输出
字符串
            {
                char tempTop=stack.top();
                while(tempTop != '(' && priority[current]<priority[tempTop])
                {
                    stack.pop();
                    postfix.push_back(tempTop);
                    if(stack.empty())
                        break;
                    tempTop=stack.top();
                }
            }
            stack.push(current);//符号全部出栈或者遇到了'('或者大于栈顶符号的
优先级,将新符号压入栈中
            break;
        case 's':
        case 'c':
        case 't':
            if(i > 0 && infix[i-1].isDigit())
                throw "表达式非法";
            if(!stack.empty())//比较目前符号与栈顶符号优先级,低于则出栈,并输出
字符串
            {
                char tempTop=stack.top();
                while(tempTop != '(' && priority[current]<priority[tempTop])
                {
                    stack.pop();
                    postfix.push_back(tempTop);
                    if(stack.empty())
                        break;
                    tempTop=stack.top();
                }
            }
            stack.push(current);
            i+=2;
            break;
        case 'l':
            if(infix[i-1].isDigit())
                throw "表达式非法";
```

```cpp
            if(!stack.empty())//比较目前符号与栈顶符号优先级, 低于则出栈, 并输出字符串
            {
                char tempTop=stack.top();
                while(tempTop != '(' && priority[infix[i+1].toLatin1()] < priority[tempTop])
                {
                    stack.pop();
                    postfix.push_back(tempTop);
                    if(stack.empty())
                        break;
                    tempTop=stack.top();
                }
            }
            stack.push(infix[i+1].toLatin1());
            i++;
            break;
        case '.':
            postfix.push_back(current);
            break;
        case '(':
            stack.push(current);//左括号直接入栈
            break;
        case ')':
            postfix.push_back('#');//右括号说明前方数字输入完成, 标识一下
            char tempTop;
            tempTop=stack.top();
            while(tempTop !='(')//直到栈顶元素是左括号才停止循环
            {
                stack.pop();
                postfix.push_back(tempTop);
                tempTop=stack.top();
            }
            stack.pop();
            break;
        default:
            throw "表达式中含有非法字符";
            break;
        }
    }
```

```cpp
        if(infix[infix.size()-1] != ')')
        {
            if(infix[infix.size()-1].isDigit())
                postfix.push_back('#');
            else if(infix[infix.size()-1] == '%')  // 什么也不做
                infix.begin();
            else
                throw "表达式非法";
        }
        while(!stack.empty())
        {
            char tempOut=stack.top();
            stack.pop();
            postfix.push_back(tempOut);
        }
        return postfix;
}
double MainWindow::compute(QString s) throw(const char*)
{
    //qDebug() << s;
    const double PI = std::acos(-1.0);
    std::stack<double> stack;
    QString str;
    double curr;

    double  temNum1;
    double  temNum2;
    for(auto i = s.begin();i != s.end(); i++)
    {
        if((*i).isDigit())
        {
            str.push_back(*i);
            continue;
        }
        switch((*i).toLatin1())
        {
        case '+':
            temNum1=stack.top();
            stack.pop();
            temNum2=stack.top();
```

```cpp
        stack.pop();
        stack.push(temNum2 + temNum1);
        break;
    case '-':
        temNum1=stack.top();
        stack.pop();
        temNum2=stack.top();
        stack.pop();
        stack.push(temNum2 - temNum1);
        break;
    case '*':
        temNum1=stack.top();
        stack.pop();
        temNum2=stack.top();
        stack.pop();
        stack.push(temNum2 * temNum1);
        break;
    case '/':
        temNum1=stack.top();
        stack.pop();
        temNum2=stack.top();
        stack.pop();
        stack.push(temNum2 / temNum1);
        break;
    case '^':
        temNum1=stack.top();
        stack.pop();
        temNum2=stack.top();
        stack.pop();
        stack.push(pow(temNum2, temNum1));
        break;
    case 's':
        temNum1 = stack.top();
        stack.pop();
        stack.push(std::sin(temNum1/180.0*PI));
        break;
    case 'c':
        temNum1 = stack.top();
        stack.pop();
        stack.push(std::cos(temNum1/180.0*PI));
```

```cpp
            break;
        case 't':
            temNum1 = stack.top();
            stack.pop();
            stack.push(std::tan(temNum1/180.0*PI));
            break;
        case 'n':
            temNum1 = stack.top();
            stack.pop();
            stack.push(std::log(temNum1));
            break;
        case 'g':
            temNum1 = stack.top();
            stack.pop();
            stack.push(std::log10(temNum1));
            break;
        case '.':
            str.push_back(*i);
            break;
        case '#':
            curr =str.toDouble();//字符串转换为浮点型
            str.clear();
            stack.push(curr);
            break;
        case '%':
            curr = stack.top();
            stack.pop();
            curr*=0.01;
            stack.push(curr);
            break;
        default:
            throw "表达式中含有非法字符";
            break;
        }
    }
    curr=stack.top();
    return curr;
}
```

运行程序,测试程序功能,程序运行效果如图 7-5 所示。

图 7-5 计算器 V7.0 运行效果

（四）小结

本次实训主要介绍了可扩展窗口的实现方式，并且借此为我们的计算器添加了可扩展功能，使计算器实现了可以切换到科学计算器的功能，它和常用的计算器软件已经类似了。至此，本书的计算器项目到此结束，通过这 7 个计算器项目的学习，希望读者能够掌握 Qt 界面编程的一些基本方法，同时可以掌握使用 Qt Assistant 来不断提高自己的 Qt 编程能力。

> **小技巧**
>
> Qt Creator 的编辑器支持分栏显示，先按"Ctrl + E"键之后松开，再按"2"-添加上下分栏，按"3"-添加左右分栏，按"1"-删除所有分栏。

实训八

双人对战五子棋

（一）实训内容

1. Qt 中的 2D 绘图系统
2. 五子棋棋盘的绘制
3. 单击鼠标下棋
4. 判断赢棋
5. 双人对战的五子棋

（二）实训原理

1. Qt 中的 2D 绘图系统

Qt 中提供了强大的 2D 绘图系统，可以使用相同的 API 在屏幕和绘图设备上进行绘制，主要基于 QPainter、QPaintDevice 和 QPaintEngine 这三个类。其中，QPainter 用来执行绘图操作，QPaintDevice 提供绘图设备，是一个二维空间的抽象，可以使用 QPainter 在其上进行绘制，是所有可以进行绘制的对象的基类，它的子类主要有 QWidget、QPixmap、QPicture、QImage、QPinter 和 QOpenGlPaintDevice 等。QPaintEngine 提供一些接口，用于 QPainter 和 QPaintDevice 内部，使 QPainter 可以在不同的设备上进行绘制，可以创建自定义的绘图设备类型，一般在编程中不需要使用该类。它们的关系如图 8-1 所示。

图 8-1　QPainter、QPaintEngine 和 QPaintDevice 关系图

根据本次实训所需知识，下面主要介绍基本的绘制和填充操作。在绘图系统中，主要

通过 QPainter 类完成具体的绘制操作，其提供了大量高度优化的函数来完成 GUI 编程所需要的大部分绘制工作。QPainter 可以绘制很多的图形，从简单的一条直线到其他复杂的图形，其还可以绘制文本和图片。QPainter 可以在继承 QPaintDevice 类的任何对象上进行绘制操作。

QPainter 一般在一个控件重绘事件（Paint Event）的处理函数 paintEvent()中进行绘制，首先创建 QPainter 对象，然后进行图形绘制，最后销毁 QPainter 对象。

现在通过一个具体的实例来介绍 QPainter 的使用，项目位置为 code/ch08/MyDrawing。

使用构建向导构建一个 Qt Widget 应用，项目名为 MyDrawing，窗口基类选为 QWidget，其他默认即可。

创建成功后，首先在 widget.h 文件中声明重绘事件处理函数：

```
protected:
    void paintEvent(QPaintEvent *event);
```

然后在 widget.cpp 文件中添加头文件<QPainter>，并对 paintEvent()函数进行如下定义：

```
void Widget::paintEvent(QPaintEvent *event)
{
    QPainter painter(this);
    painter.drawLine(QPoint(0, 0), QPoint(100, 100));
}
```

这里首先创建了一个 QPainter 对象，使用了 QPainter::QPainter(QPainterDevice *device) 构造函数，并指定 this 为参数，即表明在 Widget 控件上进行绘制。使用这个构造函数创建的对象会立即开始在设备上进行绘制，自动调用 begin()函数，然后在 QPainter 的析构函数中调用 end()函数结束绘制。如果构建 QPainter 对象时不想指定绘图设备，那么可以使用不带参数的构造函数，然后使用 QPainter::begin(QPaintDevice *device)在开始绘制时指定绘制设备，等绘制完成后再调用 end()函数结束绘制，上面函数中的代码等价于如下代码：

```
QPainter painter;
painter.begin(this);
painter.drawLine(QPoint(0, 0), QPoint(100, 100));
painter.end();
```

这两种方法都可以完成绘制，无论使用哪种方法，都要指定绘图设备，否则无法进行绘制。第 3 行代码使用 drawLine()函数绘制了一条线段，这里使用了该函数的一种重载形式 void QPainter::drawLine(const QPoint &p1, const QPoint &p2)，其中 p1 和 p2 就是线段的起点和终点，QPoint(0, 0)就是窗口的原点，默认在左上角（不包含标题栏）。

（1）画笔

在 paintEvent()函数中继续添加如下代码：

```
    QPen pen(Qt::green, 5, Qt::DotLine, Qt::RoundCap, Qt::RoundJoin);
    painter.setPen(pen);
    QRectF rect(70.0, 40.0, 80.0, 60.0);
    int startAngle = 30 * 16;
    int spanAngle = 120 * 16;
    painter.drawArc(rect, startAngle, spanAngle);
```

代码中，QPen 类提供画笔，用来绘制线条和形状的轮廓，这里使用了构造函数 QPen(const QBrush &brush, qreal width, Qt::PenStyle style = Qt::SolidLine, Qt::PenCapStyle cap = Qt::SquareCap, Qt::PenJoinStyle join = Qt::BevelJoin)，几个参数依次为画笔使用的画刷、线宽、画笔风格、画笔端点风格和画笔连接风格，也可以使用 setBrush()、setWidth()、setStyle()、setCapStyle()和 setJoinStyle()等函数分别进行设置。其中，画刷可以为画笔提供颜色；线宽的默认值为 0（宽度为一个像素）；画笔的风格有实线、点线等；画笔的端点风格定义了怎样进行线条端点的绘制；画笔的连接风格定义了怎样绘制两条线之间的空缺三角形，这部分过于深入，本实训中，我们只需了解 QPen 类定义了绘制线条的画笔即可。

（2）笔刷

在 paintEvent()函数中继续添加如下代码：

```
    pen.setWidth(1);
    pen.setStyle(Qt::SolidLine);
    painter.setPen(pen);
    painter.drawRect(160, 20, 50, 40);
    QBrush brush(QColor(0, 0, 255), Qt::Dense4Pattern);
    painter.setBrush(brush);
    painter.drawEllipse(220, 20, 50, 50);

    static const QPointF points[4] = {
        QPointF(270.0, 80.0),
        QPointF(290.0, 10.0),
        QPointF(350.0, 30.0),
        QPointF(390.0, 70.0)
    };
    painter.drawPolygon(points, 4);
```

代码中，QBrush 类提供画刷，用来对图形进行填充，一个画刷由使用它的颜色和风格定义。Qt 中的颜色一般都由 QColor 来表示，它支持 RGB、HSV 和 CMUK 等颜色模型。QColor 还支持基于 alpha 的轮廓和填充（实现透明效果），而且 QColor 类与平台和设备无关。Qt 还提供了 20 种预定义的颜色，例如以前经常使用的 Qt::red 等，可以在帮助中通过 Qt::GlobalColor 关键字查看。填充模式使用 Qt::BrushStyle 枚举类型来定义，包含基本模式填充、渐变填充和纹理填充。

QPainter 还提供了 fillRect()函数来填充一个矩形区域,以及 eraseRect()函数来擦除一个矩形区域的内容,代码如下:

```
painter.fillRect(QRect(10, 100, 150, 20), QBrush(Qt::darkYellow));
painter.eraseRect(QRect(50, 0, 50, 120));
```

绘制和填充的具体用法可以在帮助中通过 Drawing 和 Filling 关键字查看。

2. 五子棋界面的绘制

五子棋界面的绘制是项目中非常关键的部分,我们使用 Qt 的 2D 绘图系统进行界面的绘制,绘制过程包括棋盘的绘制、棋子的绘制、落子提示的绘制三部分。

(1)棋盘的绘制

绘制棋盘的完整代码见 code/ch08/Gomoku-1。由于棋盘由很多个小正方形组成,我们使用 QPainter 类的 drawRect()函数绘制很多个并排的正方形,来完成棋盘方格的绘制,同时还要使用 drawText()函数在棋盘的周围标上行数和列数,代码如下:

```
for (int i = 0; i < BOARD_WIDTH; i++)
{
    painter.drawText(CLU_NUM_START + QPoint(i * CELL_SIZE.width(), 0),
QString::number(i + 1));
}
for (int i = 0; i < BOARD_HEIGHT; i++)
{
    painter.drawText(ROW_NUM_START + QPoint(0, i * CELL_SIZE.height()),
QString::number(i + 1));
}

for (int i = 0; i < BOARD_WIDTH - 1; i++)     //绘制棋盘格子
{
    for (int j = 0; j < BOARD_HEIGHT - 1; j++)
    {
        painter.drawRect(QRect(START_POS + QPoint(i * CELL_SIZE.width(),
j * CELL_SIZE.height()),CELL_SIZE));
    }
}
```

(2)棋子的绘制

绘制棋子的完整代码见 code/ch08/Gomoku-2。我们此时仅仅绘制了一个空的棋盘,而没有棋子。下面,我们再把棋子绘制到棋盘上,代码如下:

```
        for (int i = 0; i < BOARD_WIDTH; i++)        //绘制棋子
        {
            for (int j = 0; j < BOARD_HEIGHT; j++)
            {
                if (board[i][j] != NO_PIECE)
                {
                    QColor color = (board[i][j] == WHITE_PIECE) ? Qt::white : Qt::black;painter.setBrush(QBrush(color));
                    painter.drawEllipse(START_POS.x()-CELL_SIZE.width()/2+i*CELL_SIZE.width(),START_POS.y()-CELL_SIZE.height()/2+j*CELL_SIZE.height(),CELL_SIZE.width(), CELL_SIZE.height());
                }
            }
        }
```

和刚才绘制棋盘类似，只不过上面的代码设置了画刷的颜色，用来将棋子的内部填充。还有一点需要注意的就是棋子的位置，其初始位置向左上偏移了半个单元格的长度，这样使得棋子的中心刚好在棋盘交叉线的位置上。

（3）落子提示的绘制

落子提示的完整代码见 code/ch08/Gomoku-3。绘制完棋盘和棋子后，差不多就完成了一个五子棋界面的绘制，不过为了更加人性化，我们为五子棋再添加一个落子提示，当用户在棋盘上移动鼠标时，为用户指向的落子位置做一个标记，提示用户下棋的位置，如图 8-2 所示。

图 8-2 落子提示

具体实现代码如下：

```
    painter.setPen(Qt::red);
    QPoint poses[12] = {
        trackPos + QPoint(0, 8),
        trackPos,
        trackPos + QPoint(8, 0),
        trackPos + QPoint(17, 0),
        trackPos + QPoint(25, 0),
        trackPos + QPoint(25, 8),
        trackPos + QPoint(25, 17),
        trackPos + QPoint(25, 25),
        trackPos + QPoint(17, 25),
        trackPos + QPoint(8, 25),
        trackPos + QPoint(0, 25),
```

```
        trackPos + QPoint(0, 17)
    };
    painter.drawPolyline(poses, 3);
    painter.drawPolyline(poses + 3, 3);
    painter.drawPolyline(poses + 6, 3);
    painter.drawPolyline(poses + 9, 3);
```

上面的代码使用了一个 trackPos 的位置变量,这个变量是用来记录落子提示标记的左上角的位置坐标,通过获取当前鼠标的位置得到这个坐标。重写 mouseMoveEvent()函数实现在鼠标移动时获取鼠标位置,代码如下:

```
void BoardWidget::mouseMoveEvent(QMouseEvent *event)
{
    QPoint pos = event->pos() - START_POS + QPoint(CELL_SIZE.width()/2,
CELL_SIZE.height()/2);
    int x = pos.x();
    int y = pos.y();
    //超过范围
    if (x < 0 || x >= CELL_SIZE.width() * BOARD_WIDTH ||
        y < 0 || y >= CELL_SIZE.height() * BOARD_HEIGHT)
    {
        return;
    }
    int offsetX = x % CELL_SIZE.width();
    int offsetY = y % CELL_SIZE.height();
    setTrackPos(QPoint(x - offsetX, y - offsetY) + START_POS -
QPoint(CELL_SIZE.width()/2, CELL_SIZE.height()/2));
}
```

上面的 setTrackPos()函数用来设置 trackPos 变量的值并刷新界面,同时为了在不单击鼠标的情况下就获取到鼠标的位置,我们需要在构造函数中调用 setMouseTracking()函数,参数值为 true。

(4)标记特殊棋子

下面,我们再增加一个功能,标记特殊棋子,如上一步落子的标记,这样用户可以清晰地分辨出上一步的落子位置,又如连在一起的 5 枚棋子,可以特殊显示胜利方的 5 枚棋子所在。这需要我们在落子时记录落子位置,同时在胜利时记录连在一起的 5 枚棋子的位置,实现标记功能的部分代码如下:

```
    painter.setPen(Qt::red);
    if (lastPos.x() != -1)
    {
```

```
        QPoint drawPos = START_POS + QPoint(lastPos.x() * CELL_SIZE.width(),
lastPos.y() * CELL_SIZE.height());
        painter.drawLine(drawPos + QPoint(0, 5), drawPos + QPoint(0, -5));
        painter.drawLine(drawPos + QPoint(5, 0), drawPos + QPoint(-5, 0));
    }

    for (QPoint pos : winPoses)
    {
        QPoint drawPos = START_POS + QPoint(pos.x() * CELL_SIZE.width(),
pos.y() * CELL_SIZE.height());
        painter.drawLine(drawPos + QPoint(0, 5), drawPos + QPoint(0, -5));
        painter.drawLine(drawPos + QPoint(5, 0), drawPos + QPoint(-5, 0));
    }
```

上面代码中的 lastPos 就是记录的上一个落子位置的变量，在初始化时设置为（-1，-1）（表示没有上一个落子）。标记特殊棋子的完整代码见 code/ch08/Gomoku-4。

3. 单击鼠标下棋

棋盘控件除了有绘制棋盘的功能，还需要能够接收用户的鼠标单击事件完成下棋。前面我们已经介绍了如何接收和处理 Qt 的鼠标事件，在这里要做的就是在接收鼠标事件后，判断单击的位置，然后转化为棋子对应二维数组中的位置，判断此次为哪一方下棋，最后更新表示棋盘信息的二维数组，并更新界面。完整代码见 code/ch08/Gomoku-2。

这样，一个下棋的操作便完成了，具体代码如下：

```
void BoardWidget::mouseReleaseEvent(QMouseEvent *event)
{
    QPoint pos = event->pos() - START_POS;
    int x = pos.x();
    int y = pos.y();
    int pieceX = x / CELL_SIZE.width();
    int pieceY = y / CELL_SIZE.height();
    int offsetX = x % CELL_SIZE.width();
    int offsetY = y % CELL_SIZE.height();
    if (offsetX > CELL_SIZE.width() / 2)
    {
        pieceX++;
    }
    if (offsetY > CELL_SIZE.height() / 2)
    {
```

```
            pieceY++;
        }
        downPiece(pieceX, pieceY);
    }
```

在上面的代码中，我们首先得到单击位置相对于棋盘单元格的起始位置，然后除以单元格的宽和高，就得到了棋子在二维数组中的对应位置，这里还进行了取余操作，来进行修正，主要是为了使得表示棋盘上某一交叉点位置的范围从每一位置的右下单元格转移到该位置的四周。完成后调用 **downPiece()** 函数进行二维数组的更新，并刷新界面。

4. 判断赢棋

五子棋的规则是哪一方有 5 枚横、竖或斜着的棋子连成一线就算获胜，因此，判断赢棋就需要判断当前棋盘上有哪一方的 5 枚棋子连成一线，最简单的方法就是判断棋盘每个位置的周围是否有 5 枚同色棋子，代码如下：

```
void BoardWidget::checkWinner()
{
    bool fullPieces = true;
    for (int i = 0; i < BOARD_WIDTH; i++)
    {
        for (int j = 0; j < BOARD_HEIGHT; j++)
        {
            if (board[i][j] == NO_PIECE)
            {
                fullPieces = false;
            }
            if (board[i][j] != NO_PIECE && isFivePieceFrom(i, j))
            {
                bool winner = (board[i][j] == WHITE_PIECE) ? WHITE_PLAYER : BLACK_PLAYER;
                emit gameOver(winner);
            }
        }
    }
    if (fullPieces)
    {
        emit gameOver(2);    //代表和棋
    }
}
```

上面的代码判断每个不为空的位置周围是否有 5 枚同色棋子，如果有，则发送 gameOver()信号并将获胜者作为参数传入；如果没有，并且棋盘已经满了，则传入数字 2，代表和棋。其中，isFivePieceFrom()函数的定义如下：

```cpp
bool BoardWidget::isFivePieceFrom(int x, int y)
{
    return isVFivePieceFrom(x,y) || isHFivePieceFrom(x,y) || isFSFivePieceFrom(x, y) || isBSFivePieceFrom(x, y);
}
```

在 isFivePieceFrom()函数中，又调用了 isVFivePieceFrom()、isHFivePieceFrom()、isFSFivePieceFrom()和 isBSFivePieceFrom()函数，这些函数分别是判断垂直、水平、正斜和反斜方向是否有同色五子相连的，这里给出 isVFivePieceFrom()的函数定义（其他函数类似）：

```cpp
bool BoardWidget::isVFivePieceFrom(int x, int y)
{
    int piece = board[x][y];
    for (int i = 1; i < 5; i++)
    {
        if (y + i >= BOARD_HEIGHT || board[x][y + i] != piece)
        {
            return false;
        }
    }
    winPoses.clear();
    for (int i = 0; i < 5; i++)
    {
        winPoses.append(QPoint(x, y + i));
    }
    return true;
}
```

完整性代码见 code/ch08/Gomoku-4。

5. 双人对战五子棋

五子棋 V1.0：双人对战五子棋的实现，项目位置为 code/ch08/Gomoku，详见实训步骤。

（三）实训步骤

首先构建项目，项目类型为 Qt Widget 应用，项目名为 Gomoku，将窗口基类选为

QWidget，窗口类改名为 GameWidget，并将创建界面的文件取消。之后右击"项目"，选择"新建文件"，选择 C++类，类名为 BoardWidget，基类选择为 QWidget，创建成功后，在 BoardWidget 类中添加两个保护类型的重载函数如下：

```
protected:
    void paintEvent(QPaintEvent *event);
    void mouseReleaseEvent(QMouseEvent *event);
    void mouseMoveEvent(QMouseEvent *event);
```

这里使用 paintEvent()函数来绘制棋盘界面，mouseReleaseEvetn()函数来获取用户的单击输入，mouseMoveEvent()函数来监视鼠标移动。

接下来，继续添加 8 个私有函数如下：

```
private:
    void downPiece(int x, int y);
    void checkWinner();
    bool isFivePieceFrom(int x, int y);   //判断从(x, y)处开始，是否有 5 枚同色棋子在一条线上
    bool isVFivePieceFrom(int x, int y); //判断从(x, y)处开始，向下是否有 5 枚同色棋子
    bool isHFivePieceFrom(int x, int y);  //判断从(x, y)处开始，向右是否有 5 枚同色棋子
    bool isFSFivePieceFrom(int x, int y);//判断从(x, y)处开始，右上方向是否有 5 枚同色棋子
    bool isBSFivePieceFrom(int x, int y);//判断(x, y)处开始，右下方向是否有 5 枚同色棋子
    void setTrackPos(const QPoint &value);
```

其中，initBoard()函数用来初始化棋盘数据，类中使用了一个二维数组来存储棋盘信息。downPiece()函数用来在指定位置落子，同时会刷新界面。checkWinner()函数和下面几个函数都是用来检查是否有人获胜，如果有人获胜，则会发出一个 gameOver()信号。

添加信号的声明如下：

```
signals:
    void gameOver(int winner);
```

下面，添加程序中用到的常量数据的声明，它们都声明为 public 的静态常量，同时需要在 boardwidget.cpp 中定义。

```
public:
    void initBoard();
    static const QSize WIDGET_SIZE;
    static const QSize CELL_SIZE;
```

```
    static const QPoint START_POS;
    static const QPoint ROW_NUM_START;
    static const QPoint CLU_NUM_START;
    static const int BOARD_WIDTH = 15;
    static const int BOARD_HEIGHT = 15;
    static const int NO_PIECE = 0;
    static const int WHITE_PIECE = 1;
    static const int BLACK_PIECE = 2;
    static const bool WHITE_PLAYER = true;
    static const bool BLACK_PLAYER = false;
```

下面添加私有变量的声明如下:

```
private:
    bool endGame;
    int board[BOARD_WIDTH][BOARD_HEIGHT];
    int nextPlayer;
    QPoint lastPos;
    QPoint trackPos;
    QVector<QPoint> winPoses;
```

完成声明后,转到 boardwidget.cpp 文件,先添加<QPainter>和<QMouseEvent>两个头文件,具体的静态常量及成员函数的定义如下:

```
/*类静态数据成员定义*/
const QSize BoardWidget::WIDGET_SIZE(430, 430);
const QSize BoardWidget::CELL_SIZE(25, 25);
const QPoint BoardWidget::START_POS(40, 40);
const QPoint BoardWidget::ROW_NUM_START(15, 45);
const QPoint BoardWidget::CLU_NUM_START(39, 25);
const int BoardWidget::BOARD_WIDTH;
const int BoardWidget::BOARD_HEIGHT;
const int BoardWidget::NO_PIECE;
const int BoardWidget::WHITE_PIECE;
const int BoardWidget::BLACK_PIECE;
const bool BoardWidget::WHITE_PLAYER;
const bool BoardWidget::BLACK_PLAYER;

BoardWidget::BoardWidget(QWidget *parent) :
    QWidget(parent),
    trackPos(28, 28)
```

```cpp
{
    setFixedSize(WIDGET_SIZE);
    setMouseTracking(true);

    initBoard();
}

void BoardWidget::paintEvent(QPaintEvent *event)
{
    QPainter painter(this);
    painter.fillRect(0, 0, width(), height(), Qt::gray);//背景颜色
    for (int i = 0; i < BOARD_WIDTH; i++)
    {
        painter.drawText(CLU_NUM_START + QPoint(i * CELL_SIZE.width(), 0), QString::number(i + 1));
    }
    for (int i = 0; i < BOARD_HEIGHT; i++)
    {
        painter.drawText(ROW_NUM_START + QPoint(0, i * CELL_SIZE.height()), QString::number(i + 1));
    }

    for (int i = 0; i < BOARD_WIDTH - 1; i++)      //绘制棋盘格子
    {
        for (int j = 0; j < BOARD_HEIGHT - 1; j++)
        {
            painter.drawRect(QRect(START_POS + QPoint(i * CELL_SIZE.width(), j * CELL_SIZE.height()),CELL_SIZE));
        }
    }
    painter.setPen(Qt::red);
    QPoint poses[12] = {
        trackPos + QPoint(0, 8),
        trackPos,
        trackPos + QPoint(8, 0),
        trackPos + QPoint(17, 0),
        trackPos + QPoint(25, 0),
```

```cpp
            trackPos + QPoint(25, 8),
            trackPos + QPoint(25, 17),
            trackPos + QPoint(25, 25),
            trackPos + QPoint(17, 25),
            trackPos + QPoint(8, 25),
            trackPos + QPoint(0, 25),
            trackPos + QPoint(0, 17)
    };
    painter.drawPolyline(poses, 3);
    painter.drawPolyline(poses + 3, 3);
    painter.drawPolyline(poses + 6, 3);
    painter.drawPolyline(poses + 9, 3);

    painter.setPen(Qt::NoPen);
    for (int i = 0; i < BOARD_WIDTH; i++)      //绘制棋子
    {
        for (int j = 0; j < BOARD_HEIGHT; j++)
        {
            if (board[i][j] != NO_PIECE)
            {
                QColor color = (board[i][j] == WHITE_PIECE) ? Qt::white : Qt::black;
                painter.setBrush(QBrush(color));
                painter.drawEllipse(START_POS.x() - CELL_SIZE.width()/2 + i*CELL_SIZE.width(),START_POS.y() - CELL_SIZE.height()/2+j*CELL_SIZE.height(), CELL_SIZE.width(), CELL_SIZE.height());
            }
        }
    }

    painter.setPen(Qt::red);
    if (lastPos.x() != -1)
    {
        QPoint   drawPos   =   START_POS   +   QPoint(lastPos.x() * CELL_SIZE.width(), lastPos.y() * CELL_SIZE.height());
        painter.drawLine(drawPos + QPoint(0, 5), drawPos + QPoint(0, -5));
        painter.drawLine(drawPos + QPoint(5, 0), drawPos + QPoint(-5, 0));
    }
```

```cpp
            for (QPoint pos : winPoses)
            {
                QPoint drawPos = START_POS + QPoint(pos.x() * CELL_SIZE.width(), pos.y() * CELL_SIZE.height());
                painter.drawLine(drawPos + QPoint(0, 5), drawPos + QPoint(0, -5));
                painter.drawLine(drawPos + QPoint(5, 0), drawPos + QPoint(-5, 0));
            }
        }


        void BoardWidget::mouseReleaseEvent(QMouseEvent *event)
        {
            if (!endGame)
            {
                QPoint pos = event->pos() - START_POS;
                int x = pos.x();
                int y = pos.y();
                int pieceX = x / CELL_SIZE.width();
                int pieceY = y / CELL_SIZE.height();
                int offsetX = x % CELL_SIZE.width();
                int offsetY = y % CELL_SIZE.height();
                if (offsetX > CELL_SIZE.width() / 2)
                {
                    pieceX++;
                }
                if (offsetY > CELL_SIZE.height() / 2)
                {
                    pieceY++;
                }
                downPiece(pieceX, pieceY);
            }
        }


        void BoardWidget::mouseMoveEvent(QMouseEvent *event)
        {
            QPoint pos = event->pos() - START_POS + QPoint(CELL_SIZE.width()/2, CELL_SIZE.height()/2);
            int x = pos.x();
            int y = pos.y();
            //超过范围
```

```cpp
        if (x < 0 || x >= CELL_SIZE.width() * BOARD_WIDTH ||
            y < 0 || y >= CELL_SIZE.height() * BOARD_HEIGHT)
        {
            return;
        }
        int offsetX = x % CELL_SIZE.width();
        int offsetY = y % CELL_SIZE.height();
        setTrackPos(QPoint(x - offsetX, y - offsetY) + START_POS - QPoint(CELL_SIZE.width()/2, CELL_SIZE.height()/2));
    }

    void BoardWidget::initBoard()
    {
        for (int i = 0; i < BOARD_WIDTH; i++)
        {
            for (int j = 0; j < BOARD_HEIGHT; j++)
            {
                board[i][j] = NO_PIECE;
            }
        }
        lastPos = QPoint(-1, -1);
        endGame = false;
        winPoses.clear();
        nextPlayer = BLACK_PLAYER;
    }

    void BoardWidget::downPiece(int x, int y)
    {
        if (x >= 0 && x < BOARD_WIDTH && y >= 0 && y < BOARD_HEIGHT && board[x][y] == NO_PIECE)
        {
            board[x][y] = (nextPlayer == WHITE_PLAYER) ? WHITE_PIECE : BLACK_PIECE;
            nextPlayer = !nextPlayer;
            lastPos = QPoint(x, y);
            checkWinner();
            update();
        }
    }
```

```cpp
void BoardWidget::checkWinner()
{
    bool fullPieces = true;
    for (int i = 0; i < BOARD_WIDTH; i++)
    {
        for (int j = 0; j < BOARD_HEIGHT; j++)
        {
            if (board[i][j] == NO_PIECE)
            {
                fullPieces = false;
            }
            if (board[i][j] != NO_PIECE && isFivePieceFrom(i, j))
            {
                bool winner = (board[i][j] == WHITE_PIECE) ? WHITE_PLAYER : BLACK_PLAYER;
                endGame = true;
                emit gameOver(winner);
            }
        }
    }
    if (fullPieces)
    {
        endGame = true;
        emit gameOver(2);    //代表和棋
    }
}

bool BoardWidget::isFivePieceFrom(int x, int y)
{
    return isVFivePieceFrom(x, y) || isHFivePieceFrom(x, y) || isFSFivePieceFrom(x, y) || isBSFivePieceFrom(x, y);
}

bool BoardWidget::isVFivePieceFrom(int x, int y)
{
    int piece = board[x][y];
    for (int i = 1; i < 5; i++)
    {
        if (y + i >= BOARD_HEIGHT || board[x][y + i] != piece)
        {
```

```cpp
            return false;
        }
    }
    winPoses.clear();
    for (int i = 0; i < 5; i++)
    {
        winPoses.append(QPoint(x, y + i));
    }
    return true;
}

bool BoardWidget::isHFivePieceFrom(int x, int y)
{
    int piece = board[x][y];
    for (int i = 1; i < 5; i++)
    {
        if (x + i >= BOARD_WIDTH || board[x + i][y] != piece)
        {
            return false;
        }
    }
    winPoses.clear();
    for (int i = 0; i < 5; i++)
    {
        winPoses.append(QPoint(x + i, y));
    }
    return true;
}

bool BoardWidget::isFSFivePieceFrom(int x, int y)
{
    int piece = board[x][y];
    for (int i = 1; i < 5; i++)
    {
        if (x + i >= BOARD_WIDTH || y - i < 0 || board[x + i][y - i] != piece)
        {
            return false;
        }
    }
    winPoses.clear();
```

```cpp
        for (int i = 0; i < 5; i++)
        {
            winPoses.append(QPoint(x + i, y - i));
        }
        return true;
    }

    bool BoardWidget::isBSFivePieceFrom(int x, int y)
    {
        int piece = board[x][y];
        for (int i = 1; i < 5; i++)
        {
            if (x + i >= BOARD_WIDTH || y + i >= BOARD_HEIGHT || board[x + i][y + i] != piece)
            {
                return false;
            }
        }
        winPoses.clear();
        for (int i = 0; i < 5; i++)
        {
            winPoses.append(QPoint(x + i, y + i));
        }
        return true;
    }

    void BoardWidget::setTrackPos(const QPoint &value)
    {
        trackPos = value;
        update();
    }
```

完成 BoardWidget 类后，下面完成 GameWidget 类。本实训只需在 GameWidget 类中添加一个 BoardWidget 类的私有成员即可，首先添加 "boardwidget.h" 头文件（注意这里是双引号）。之后添加一个私有的 showWinner()函数显示胜利者，以及一个 BoardWidget 私有成员，代码如下：

```cpp
private:
    void showWinner(int winner);
```

```
    private:
        BoardWidget *boardWidget;
```

转到 gamewidget.cpp 文件，更改构造函数的实现并添加 showWinner()函数的实现，代码如下：

```cpp
    GameWidget::GameWidget(QWidget *parent)
        : QWidget(parent)
    {
        setWindowTitle("五子棋");

        QVBoxLayout *mainLayout = new QVBoxLayout(this);
        boardWidget = new BoardWidget(this);

        QHBoxLayout *hLayout = new QHBoxLayout();
        QPushButton *newGame = new QPushButton("重新开始");
        hLayout->addWidget(newGame);
        hLayout->addStretch();

        mainLayout->addLayout(hLayout);
        mainLayout->addWidget(boardWidget);

        connect(newGame, &QPushButton::clicked, boardWidget, &BoardWidget::initBoard);
        connect(boardWidget, &BoardWidget::gameOver, this, &GameWidget::showWinner);
    }

    GameWidget::~GameWidget()
    {

    }

    void GameWidget::showWinner(int winner)
    {
        if (winner != 2)
        {
            QString playerName = (winner == BoardWidget::WHITE_PLAYER) ? "白方" : "黑方";
            QMessageBox::information(this, "游戏结束", tr("恭喜%1 获胜！！").arg(playerName), QMessageBox::Ok);
```

```
            }
            else
            {
                QMessageBox::information(this, "游戏结束", "和棋!",
QMessageBox::Ok);
            }
        }
```

运行程序，程序运行效果如图 8-3 所示。

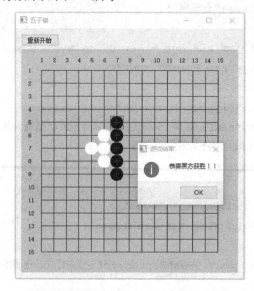

图 8-3　五子棋 V1.0 运行效果

（四）小结

本次实训主要介绍了 Qt 中 2D 绘图系统的一些基本使用方法，根据这些知识实现了对五子棋棋盘和棋子的绘制。这些知识在我们自定义控件时会经常用到，例如本次实训中的棋盘控件，Qt 中并没有能满足我们需求的界面控件；再如想要按钮控件在鼠标经过时显示一个特殊动画，这时就需要利用 Qt 的 2D 绘图系统自定义一个符合我们要求的控件。完成棋盘绘制后，剩下就是数据结构和程序逻辑部分，数据结构方面，本项目采用一个二维数组来存储棋盘信息，由于本项目只是双人对战五子棋，程序的逻辑也相对简单。

> **小技巧**
>
> 在类的函数声明处按下"Atl + Enter"键可以快速为函数添加定义，也可以在函数定义处按此快捷键为函数添加声明。

实训九

人机对战五子棋

（一）实训内容

1. 五子棋的棋局形势
2. 估值函数的设计
3. 人机对战、可悔棋的五子棋

（二）实训原理

1. 五子棋的棋局形势

五子棋游戏中，黑白任一方先连成 5 枚棋子形成的直线（横线、竖线、对角线），则判该方赢、对方输。其中，每枚棋子都有 8 个方向可以选择，连在一起的棋子越多，价值就越大。一般有 3 枚棋子连在一起或者之间空一枚棋子的时候，对方就必须进行堵棋了，否则，当连成 4 枚棋子，并且两个端点方向都没有障碍时，玩家就能取得胜利。现在，我们需要设计一个五子棋的估值函数，用来计算每个位置的价值。在本次实训中，可简单地将棋形分为以下几种。

（1）活四：*11110，如图 9-1 所示。

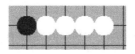

图 9-1　活四

（2）死四：*11112，如图 9-2 所示。

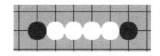

图 9-2　死四

（3）活三：*1110，如图 9-3 所示。

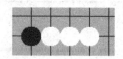

图 9-3　活三

（4）死三：*1112，如图 9-4 所示。

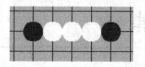

图 9-4　死三

（5）活二：*110，如图 9-5 所示。

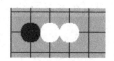

图 9-5　活二

（6）死二：*112，如图 9-6 所示。

图 9-6　死二

（7）活一：*10，如图 9-7 所示。

图 9-7　活一

其中*代表当前位置，1 代表已方棋子，2 代表对方棋子，0 代表空位置。现在，我们再给每种棋形都评定一个分数，以对每个位置的重要性进行估值。因此，关键是对每种棋形的识别问题。

先创建一个函数 getLinePieceNum()，用来返回指定位置和方向上共有多少枚相连的棋子，该函数定义如下：

```
    int GomokuAi::getLinePieceNum(int x, int y, int dire, int pieceColo, int &pieceEnd)
    {
        int offset[8][2] = {{1, -1}, {1, 0}, {1, 1}, {0, 1}, {-1, 1}, {-1, 0}, {-1, -1}, {0, -1}};
```

```cpp
    int num = 0;
    x += offset[dire][0];
    y += offset[dire][1];
    if (isBeyond(x, y) || board[x][y] != pieceColo)
    {
        return 0;
    }
    int pieceStart = board[x][y];
    while (!isBeyond(x, y) && board[x][y] == pieceStart)
    {
        x += offset[dire][0];
        y += offset[dire][1];
        num++;
    }
    pieceEnd = board[x][y];     //终止处的棋子
    return num;
}
```

代码中，pieceEnd 参数是用来传递终止处的棋子类型的，我们只需要判断其是否为空即可，判断棋形的函数定义如下：

```cpp
int GomokuAi::getChessType(int x, int y, int dire, int piece)
{

    int chessType = 0;
    int end = BoardWidget::NO_PIECE;
    int num = getLinePieceNum(x, y, dire, piece, end);
    if (num == 5)
    {
        chessType = 8;
    }
    else if (num == 4 && end == BoardWidget::NO_PIECE)
    {
        chessType = 7;
    }
    else if (num == 4 && end != BoardWidget::NO_PIECE)
    {
        chessType = 6;
    }
    else if (num == 3 && end == BoardWidget::NO_PIECE)
```

```cpp
        {
            chessType = 5;
        }
        else if (num == 3 && end != BoardWidget::NO_PIECE)
        {
            chessType = 4;
        }
        else if (num == 2 && end == BoardWidget::NO_PIECE)
        {
            chessType = 3;
        }
        else if (num == 2 && end != BoardWidget::NO_PIECE)
        {
            chessType = 2;
        }
        else if (num == 1 && end == BoardWidget::NO_PIECE)
        {
            chessType = 1;
        }
        else
        {
            chessType = 0;
        }

        return chessType;
    }
```

上面的代码主要是将连棋的数量转化为具体的棋子类型，之后预定义一个表示棋形价值的数组，就可以得到该位置的价值了。在本次实训中，我们共定义了 9 种棋子价值，因为多添加了一个无价值的棋形 0，以及一个赢棋的棋形 3000。

2. 估值函数的设计

弄清楚五子棋的棋局形势之后，就可以进行估值函数的设计了，在估计棋盘上的一个空位对于某一方的价值时，可以先得到此处的具体棋型，然后加上该棋型的价值。由于一个空位周围可能有 8 个方向，所以可能有 8 种棋型，我们可以用某一方周围棋型价值的综合来表示此处对某一方的价值，于是，估值函数的设计如下：

```cpp
    int GomokuAi::getPieceScore(int x, int y, int player)
    {
```

```
        int value = 0;
        int piece = (player == BoardWidget::WHITE_PLAYER) ? BoardWidget::
WHITE_PIECE : BoardWidget::BLACK_PIECE;
        for (int i = 0; i < 8; i++)
        {
            int t = getChessType(x, y, i, piece);
            value += CHESS_VALUES[t];
        }
        return value;
    }
```

完成了上面的估值函数之后,就可以编写一个简单的 AI 算法了,简单来说就是遍历棋盘上的所有空位,估算此处的价值,挑选一个价值最高的位置作为落子位置。但这会遇到一个问题,就是我们编写的 AI 只顾及自己的棋型,而对对手的棋型无动于衷。换句话说,就是只会连己方的棋子,但是不会拦截对方的棋子。这怎么办呢?很简单,将己方在空位的估值减去对方在此处的估值作为最终的估值即可。AI 搜索函数的代码如下:

```
    QPoint GomokuAi::searchAGoodPos(Board nBoard)
    {
        memcpy(board, nBoard, sizeof(board));
        int bestScore = MIN_VALUE;
        for (QPoint pos : getAllDropPos())
        {
            int value = getPieceScore(pos.x(), pos.y(), AI_PLAYER);
            int oppoValue = getPieceScore(pos.x(), pos.y(), !AI_PLAYER);
            int totalValue = std::max(value, oppoValue * 4 / 5);
            if (totalValue > bestScore)
            {
                bestScore = totalValue;
                bestPos = pos;
            }
        }
        return bestPos;
    }
```

现在,我们的五子棋 AI 就完成了,它不仅会判断哪个位置对自己最有利而去连子,还会判断哪个位置对自己的威胁最大而去拦截。但是当 AI 先手时,它总是会下在最左上角的位置,因为此时所有位置的价值都相等。这点不符合常理,我们下五子棋先手一般都是靠中间的位置,因为边上的位置少了几个方向可以连子,是比较不利的,那怎么办呢?再加上一个针对位置的价值修正就可以了。这里简单的认定越靠中间越有利,我们将获取位置分数的函数加入到前面的估值函数中就可以了,获取位置分数的函数代码如下:

```cpp
    int GomokuAi::getPosValue(int x, int y)
    {
        int valuex =BoardWidget::BOARD_WIDTH - std::abs(x - BoardWidget::BOARD_WIDTH / 2);
        int valuey =BoardWidget::BOARD_HEIGHT - std::abs(y - BoardWidget::BOARD_HEIGHT / 2);
        return valuex + valuey;
    }
```

3. 人机对战、可悔棋的五子棋

五子棋 V2.0：人机对战五子棋的实现，项目位置为 code/ch09/Gomoku，详见实训步骤。

（三）实训步骤

首先，打开实训八的 Gomoku 项目（code/ch08/Gomoku），打开 boardwidget.h 文件，在文件顶端，添加头文件<QStack>和<QSet>，之后再添加一个类型声明如下：

```cpp
    typedef int (*Board)[15];
```

转到 BoardWidget 类的声明，在类中添加两个私有变量的声明如下：

```cpp
    QSet<int> receivePlayers;
    QStack<QPoint> dropedPieces;
```

定义两个公共的静态常量：

```cpp
    static const int BOARD_FILE_FLAG_LEN = 4;
    static const char BOARD_FILE_FLAG[BOARD_FILE_FLAG_LEN];
```

在信号中添加一个信号：

```cpp
    void turnNextPlayer(int player);
```

这个信号用于通知轮到哪一方下棋，在后面的 Ai 方面会用到这个函数。之后将 downPiece()函数改为 public 类型，因为需要在类外进行调用，同时添加 4 个新的公共槽函数的声明如下：

```cpp
    public slots:
        void newGame();
        void downPiece(int x, int y);
        void undo(int steps);//悔棋
```

下面，我们将每次下棋后的操作独立出来，作为一个函数，其声明如下：

实训九 人机对战五子棋

```
    void switchNextPlayer();
```

再添加两个公共函数：

```
    void setReceivePlayers(const QSet<int> &value);
    Board getBoard();
```

转到 boardwidget.cpp 文件，添加静态常量的定义：

```
    const int BoardWidget::BOARD_FILE_FLAG_LEN;
    const char BoardWidget::BOARD_FILE_FLAG[BOARD_FILE_FLAG_LEN] = "BDF";
```

其他有改动的函数或新函数的定义如下：

```
    void BoardWidget::paintEvent(QPaintEvent *event)
    {
        QPainter painter(this);
        painter.fillRect(0, 0, width(), height(), Qt::gray);//背景颜色

        for (int i = 0; i < BOARD_WIDTH; i++)
        {
            painter.drawText(CLU_NUM_START + QPoint(i * CELL_SIZE.width(), 0),
                        QString::number(i + 1));
        }
        for (int i = 0; i < BOARD_HEIGHT; i++)
        {
            painter.drawText(ROW_NUM_START + QPoint(0, i * CELL_SIZE.height()),
                        QString::number(i + 1));
        }

        for (int i = 0; i < BOARD_WIDTH - 1; i++)      //绘制棋盘格子
        {
            for (int j = 0; j < BOARD_HEIGHT - 1; j++)
            {
                painter.drawRect(QRect(START_POS + QPoint(i * CELL_SIZE.
width(), j * CELL_SIZE.height()),CELL_SIZE));
            }
        }

        painter.setPen(Qt::red);
        QPoint poses[12] = {
            trackPos + QPoint(0, 8),
            trackPos,
```

```
                    trackPos + QPoint(8, 0),
                    trackPos + QPoint(17, 0),
                    trackPos + QPoint(25, 0),
                    trackPos + QPoint(25, 0),
                    trackPos + QPoint(25, 17),
                    trackPos + QPoint(25, 25),
                    trackPos + QPoint(17, 25),
                    trackPos + QPoint(8, 25),
                    trackPos + QPoint(0, 25),
                    trackPos + QPoint(0, 17)
        };
        painter.drawPolyline(poses, 3);
        painter.drawPolyline(poses + 3, 3);
        painter.drawPolyline(poses + 6, 3);
        painter.drawPolyline(poses + 9, 3);

        painter.setPen(Qt::NoPen);
        for (int i = 0; i < BOARD_WIDTH; i++)      //绘制棋子
        {
            for (int j = 0; j < BOARD_HEIGHT; j++)
            {
                if (board[i][j] != NO_PIECE)
                {
                    QColor color = (board[i][j] == WHITE_PIECE) ? Qt::white : Qt::black;
                    painter.setBrush(QBrush(color));
                    painter.drawEllipse(START_POS.x() - CELL_SIZE.width()/2 + i*CELL_SIZE.width(),START_POS.y()-CELL_SIZE.height()/2+j*CELL_SIZE.height(), CELL_SIZE.width(),CELL_SIZE.height());
                }
            }
        }

        painter.setPen(Qt::red);
        if (!dropedPieces.isEmpty())
        {
            QPoint lastPos = dropedPieces.top();
            QPoint drawPos = START_POS + QPoint(lastPos.x() * CELL_SIZE.width(), lastPos.y() * CELL_SIZE.height());
            painter.drawLine(drawPos + QPoint(0, 5), drawPos + QPoint(0, -5));
```

```cpp
            painter.drawLine(drawPos + QPoint(5, 0), drawPos + QPoint(-5, 0));
        }

        for (QPoint pos : winPoses)
        {
            QPoint drawPos = START_POS + QPoint(pos.x() * CELL_SIZE.width(), pos.y() * CELL_SIZE.height());
            painter.drawLine(drawPos + QPoint(0, 5), drawPos + QPoint(0, -5));
            painter.drawLine(drawPos + QPoint(5, 0), drawPos + QPoint(-5, 0));
        }
    }

    void BoardWidget::mouseReleaseEvent(QMouseEvent *event)
    {
        if (receivePlayers.contains(nextPlayer) && !endGame)
        {
            QPoint pos = event->pos() - START_POS;
            int x = pos.x();
            int y = pos.y();
            int pieceX = x / CELL_SIZE.width();
            int pieceY = y / CELL_SIZE.height();
            int offsetX = x % CELL_SIZE.width();
            int offsetY = y % CELL_SIZE.height();
            if (offsetX > CELL_SIZE.width() / 2)
            {
                pieceX++;
            }
            if (offsetY > CELL_SIZE.height() / 2)
            {
                pieceY++;
            }
            downPiece(pieceX, pieceY);
        }
    }

    void BoardWidget::initBoard()
    {
        receivePlayers << WHITE_PLAYER << BLACK_PLAYER;
        newGame();
    }
```

```cpp
    void BoardWidget::downPiece(int x, int y)
    {
        if (x >= 0 && x < BOARD_WIDTH && y >= 0 && y < BOARD_HEIGHT && board[x][y] == NO_PIECE)
        {
            dropedPieces.push(QPoint(x, y));
            board[x][y] = (nextPlayer == WHITE_PLAYER) ? WHITE_PIECE : BLACK_PIECE;
            update();
            checkWinner();
            if (!endGame)
            {
                switchNextPlayer();
            }
        }
    }



    void BoardWidget::undo(int steps)
    {
        if (!endGame)
        {
            for (int i = 0; i < steps && !dropedPieces.isEmpty(); i++)
            {
                QPoint pos = dropedPieces.pop();
                board[pos.x()][pos.y()] = NO_PIECE;
            }


            update();
            switchNextPlayer();
        }
    }




    void BoardWidget::setReceivePlayers(const QSet<int> &value)
    {
        receivePlayers = value;
    }
```

```cpp
Board BoardWidget::getBoard()
{
    return board;
}

void BoardWidget::switchNextPlayer()
{
    nextPlayer = !nextPlayer;
    emit turnNextPlayer(nextPlayer);
}
void BoardWidget::newGame()
{
    for (int i = 0; i < BOARD_WIDTH; i++)
    {
        for (int j = 0; j < BOARD_HEIGHT; j++)
        {
            board[i][j] = NO_PIECE;
        }
    }
    winPoses.clear();
    dropedPieces.clear();
    nextPlayer = BLACK_PLAYER;
    endGame = false;
    update();
    emit turnNextPlayer(nextPlayer);
}
```

以上代码完成了对 BoardWidget 类的修改，接下来右击"项目"，选择"新建文件"，新建一个 C++类 GomokuAi，基类选择 QObject，以便使用信号和槽，头文件的内容如下：

```cpp
class GomokuAi : public QObject
{
    Q_OBJECT
public:
    explicit GomokuAi(QObject *parent = nullptr);
    void setSearchDepth(int value);

private:
    QVector<QPoint> getAllDropPos();
    int getPieceScore(int x, int y, int player);
```

```cpp
        int getPosValue(int x, int y);
        int getChessType(int x, int y, int dire, int pieceColor);//返回此处棋形
        int getLinePieceNum(int x, int y, int dire, int pieceColor, int &pieceEnd);
        bool isBeyond(int x, int y);

    signals:
    public slots:
        QPoint searchAGoodPos(Board nBoard);
    public:
        static const int CHESS_VALUES[9];
        static const int MIN_VALUE = -2000000;
        static const int MAX_VALUE = 2000000;
        static const int AI_PLAYER = BoardWidget::BLACK_PLAYER;

    private:
        int board[BoardWidget::BOARD_WIDTH][BoardWidget::BOARD_HEIGHT];
        QPoint bestPos;
    };
```

添加"boardwidget.h"头文件，gameai.cpp 中的内容如下：

```cpp
    const int GomokuAi::CHESS_VALUES[9] = {0, 50, 100, 200, 500, 650, 2500, 10000, 30000};
    const int GomokuAi::MIN_VALUE;
    const int GomokuAi::MAX_VALUE;
    const int GomokuAi::AI_PLAYER;

    GomokuAi::GomokuAi(QObject *parent) : QObject(parent)
    {
    }

    QVector<QPoint> GomokuAi::getAllDropPos()
    {
        QVector<QPoint> allPos;
        for (int i = 0; i < BoardWidget::BOARD_WIDTH; i++)
        {
            for (int j = 0; j < BoardWidget::BOARD_HEIGHT; j++)
            {
                if (board[i][j] == BoardWidget::NO_PIECE)
```

```cpp
            {
                allPos.push_back(QPoint(i, j));
            }
        }
    }
    return allPos;
}

int GomokuAi::getPieceScore(int x, int y, int player)
{
    int value = 0;
    int piece = (player == BoardWidget::WHITE_PLAYER) ? BoardWidget::WHITE_PIECE : BoardWidget::BLACK_PIECE;
    for (int i = 0; i < 8; i++)
    {
        int t = getChessType(x, y, i, piece);
        value += CHESS_VALUES[t];
    }
    value += getPosValue(x, y);
    return value;
}

int GomokuAi::getPosValue(int x, int y)
{
    int valuex =BoardWidget::BOARD_WIDTH - std::abs(x - BoardWidget::BOARD_WIDTH / 2);
    int valuey =BoardWidget::BOARD_HEIGHT - std::abs(y - BoardWidget::BOARD_HEIGHT / 2);
    return valuex + valuey;
}

int GomokuAi::getChessType(int x, int y, int dire, int piece)
{
    int chessType = 0;
    int end = BoardWidget::NO_PIECE;
    int num = getLinePieceNum(x, y, dire, piece, end);
    if (num == 5)
    {
        chessType = 8;
    }
```

```cpp
        else if (num == 4 && end == BoardWidget::NO_PIECE)
        {
            chessType = 7;
        }
        else if (num == 4 && end != BoardWidget::NO_PIECE)
        {
            chessType = 6;
        }
        else if (num == 3 && end == BoardWidget::NO_PIECE)
        {
            chessType = 5;
        }
        else if (num == 3 && end != BoardWidget::NO_PIECE)
        {
            chessType = 4;
        }
        else if (num == 2 && end == BoardWidget::NO_PIECE)
        {
            chessType = 3;
        }
        else if (num == 2 && end != BoardWidget::NO_PIECE)
        {
            chessType = 2;
        }
        else if (num == 1 && end == BoardWidget::NO_PIECE)
        {
            chessType = 1;
        }
        else
        {
            chessType = 0;
        }
        return chessType;
    }

    int GomokuAi::getLinePieceNum(int x, int y, int dire, int pieceColor, int &pieceEnd)
    {
        int offset[8][2] = {{1, -1}, {1, 0}, {1, 1}, {0, 1}, {-1, 1}, {-1, 0},
```

```cpp
{-1, -1}, {0, -1}};
    int num = 0;
    x += offset[dire][0];
    y += offset[dire][1];
    if (isBeyond(x, y) || board[x][y] != pieceColor)
    {
        return 0;
    }
    int pieceStart = board[x][y];
    while (!isBeyond(x, y) && board[x][y] == pieceStart)
    {
        x += offset[dire][0];
        y += offset[dire][1];
        num++;
    }
    pieceEnd = board[x][y];    //终止处的棋子
    return num;
}

bool GomokuAi::isBeyond(int x, int y)
{
    return x < 0 || x >= BoardWidget::BOARD_WIDTH || y < 0 || y >= BoardWidget::BOARD_HEIGHT;
}

QPoint GomokuAi::searchAGoodPos(Board nBoard)
{
    memcpy(board, nBoard, sizeof(board));
    int bestScore = MIN_VALUE;
    for (QPoint pos : getAllDropPos())
    {
        int value = getPieceScore(pos.x(), pos.y(), AI_PLAYER);
        int oppoValue = getPieceScore(pos.x(), pos.y(), !AI_PLAYER);
        int totalValue = std::max(value, oppoValue * 4 / 5);
        if (totalValue > bestScore)
        {
            bestScore = totalValue;
            bestPos = pos;
        }
```

```
        }
        return bestPos;
}
```

代码中使用了 max()函数，因此需要添加<cmath>头文件。

最后，需要修改 GameWidget 类，并通过这个类，将各种功能按钮显示出来，并利用 GameAi 类使游戏增加人机对战功能，修改 GameWidget 的声明如下：

```
class GameWidget : public QWidget
{
    Q_OBJECT

public:
    GameWidget(QWidget *parent = 0);
    ~GameWidget();

private:
    void initWidget();
    void showWinner(int winner);
    void switchPlayerLabel(bool player);
    void switchHumanGame();
    void switchAiGame();
    void nextDropPiece(bool player);
    void undo();

private:
    GomokuAi *ai;
    bool isGameWithAi;
    BoardWidget *boardWidget;
    QLabel *playerLabel;
    QPushButton *newGameBtn;
    QPushButton *humanGameBtn;
    QPushButton *aiGameBtn;
    QPushButton *undoBtn;
};
```

转到 gamewidget.cpp 文件，更改如下：

```
GameWidget::GameWidget(QWidget *parent)
    : QWidget(parent)
{
```

```cpp
        ai = new GomokuAi(this);
        isGameWithAi = false;
        initWidget();
        switchHumanGame();
    }

    GameWidget::~GameWidget(){}
    void GameWidget::initWidget()
    {
        setWindowTitle("五子棋");

        QHBoxLayout *mainLayout = new QHBoxLayout(this);

        boardWidget = new BoardWidget(this);
        mainLayout->addWidget(boardWidget);

        QVBoxLayout *vLayout = new QVBoxLayout();
        playerLabel = new QLabel("轮到白方落子", this);
        playerLabel->setFont(QFont("微软雅黑", 25));
        vLayout->addWidget(playerLabel);
        vLayout->addStretch();

        QGridLayout *gLayout = new QGridLayout();
        newGameBtn = new QPushButton("新游戏");
        humanGameBtn = new QPushButton("双人游戏");
        aiGameBtn = new QPushButton("人机对战");
        undoBtn = new QPushButton("悔棋");
        gLayout->addWidget(newGameBtn, 0, 0);
        gLayout->addWidget(humanGameBtn, 0, 1);
        gLayout->addWidget(aiGameBtn, 0, 2);
        gLayout->addWidget(undoBtn, 0, 3);

        vLayout->addLayout(gLayout);
        mainLayout->addLayout(vLayout);

        connect(boardWidget, &BoardWidget::gameOver, this, &GameWidget::showWinner);
        connect(boardWidget, &BoardWidget::turnNextPlayer, this, &GameWidget::switchPlayerLabel, Qt::QueuedConnection);
```

```cpp
        connect(boardWidget, &BoardWidget::turnNextPlayer, this, &GameWidget::nextDropPiece, Qt::QueuedConnection);
        connect(newGameBtn, &QPushButton::clicked, boardWidget, &BoardWidget::newGame);
        connect(humanGameBtn, &QPushButton::clicked, this, &GameWidget::switchHumanGame);
        connect(aiGameBtn, &QPushButton::clicked, this, &GameWidget::switchAiGame);
        connect(undoBtn, &QPushButton::clicked, this, &GameWidget::undo);
    }

    void GameWidget::showWinner(int winner)
    {
        if (winner != 2)
        {
            QString playerName = (winner == BoardWidget::WHITE_PLAYER) ? "白方" : "黑方";
            QMessageBox::information(this, "游戏结束", tr("恭喜%1 获胜!!").arg(playerName), QMessageBox::Ok);
        }
        else
        {
            QMessageBox::information(this, "游戏结束", "和棋!", QMessageBox::Ok);
        }
    }

    void GameWidget::switchPlayerLabel(bool player)
    {
        QString playerName = (player == BoardWidget::WHITE_PLAYER) ? "白方" : "黑方";
        QString labelText = tr("轮到%1 落子").arg(playerName);
        playerLabel->setText(labelText);
    }

    void GameWidget::switchHumanGame()
    {
        humanGameBtn->setEnabled(false);
        aiGameBtn->setEnabled(true);
```

```cpp
        QSet<int> receivePlayers;
        receivePlayers << BoardWidget::WHITE_PLAYER << BoardWidget::BLACK_PLAYER;
        boardWidget->setReceivePlayers(receivePlayers);
        isGameWithAi = false;
        boardWidget->newGame();
    }

    void GameWidget::switchAiGame()
    {
        aiGameBtn->setEnabled(false);
        humanGameBtn->setEnabled(true);
        QSet<int> receivePlayers;
        receivePlayers << BoardWidget::WHITE_PLAYER;
        boardWidget->setReceivePlayers(receivePlayers);
        isGameWithAi = true;
        boardWidget->newGame();
    }

    void GameWidget::nextDropPiece(bool player)
    {
        if (isGameWithAi && player == GomokuAi::AI_PLAYER)
        {
            QPoint pos = ai->searchAGoodPos(boardWidget->getBoard());
            boardWidget->downPiece(pos.x(), pos.y());
        }
    }

    void GameWidget::undo()
    {
        if (isGameWithAi)
        {
            boardWidget->undo(2);
        }
        else
        {
            boardWidget->undo(1);
        }
    }
```

最后，运行程序，程序运行效果如图9-8所示。

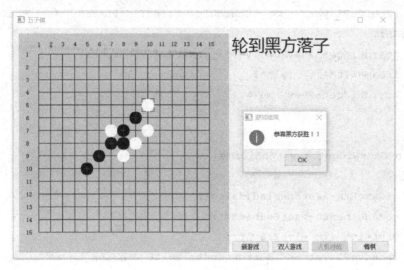

图9-8　五子棋V2.0运行效果

（四）小结

本实训在上一个实训的基础上添加了人机对战、悔棋功能。为了实现悔棋功能，项目中使用了一个栈来保存落下的棋子，这样每次悔棋时只需要从栈的顶端弹出之前的落子信息，然后修改二维数组即可。人机对战无疑是本实训的重点，不过，由于这方面的知识过于复杂，所以本书并没有涉及机器博弈的算法，仅仅使用了评估函数找出一个当前的最优位置，对战能力非常有限，对机器博弈感兴趣的读者可以搜索这方面的资料，从而使用更智能的算法。

> **小技巧**
>
> Qt Creator中有一个书签功能，即在某行代码处进行标记，方便以后找到。书签功能也可以添加文字标注，使用"Ctrl+M"快捷键可在该行代码处添加/删除书签，按"Ctrl+."键可以查找并移动到下一个书签。

反侵权盗版声明

电子工业出版社依法对本作品享有专有出版权。任何未经权利人书面许可，复制、销售或通过信息网络传播本作品的行为；歪曲、篡改、剽窃本作品的行为，均违反《中华人民共和国著作权法》，其行为人应承担相应的民事责任和行政责任，构成犯罪的，将被依法追究刑事责任。

为了维护市场秩序，保护权利人的合法权益，我社将依法查处和打击侵权盗版的单位和个人。欢迎社会各界人士积极举报侵权盗版行为，本社将奖励举报有功人员，并保证举报人的信息不被泄露。

举报电话：（010）88254396；（010）88258888

传　　真：（010）88254397

E-mail：dbqq@phei.com.cn

通信地址：北京市海淀区万寿路173信箱
　　　　　电子工业出版社总编办公室

邮　　编：100036